装配式建筑创新与发展

——河北省装配式建筑"十三五"发展研究报告

河北省装配式建筑"十三五"发展规划研究课题组　编著

中国建筑工业出版社

图书在版编目（CIP）数据

装配式建筑创新与发展——河北省装配式建筑"十三五"发展研究报告 / 河北省装配式建筑"十三五"发展规划研究课题组编著. — 北京：中国建筑工业出版社，2017.9

ISBN 978-7-112-21193-7

Ⅰ.①装… Ⅱ.①河… Ⅲ.①建筑工程 Ⅳ.①TU

中国版本图书馆CIP数据核字（2017）第219407号

　　本书共12章，包括装配式建筑发展状况；河北省装配式建筑产业发展现状研究；河北省装配式建筑发展政策研究；河北省装配式建筑需求与产能研究；河北省装配式建筑适用结构体系研究；河北省装配式建筑产业体系建设研究；河北省装配式建筑"十三五"发展目标与重点工作研究；河北省装配式建筑产业布局研究；装配式建筑标准化体系建设研究；装配式建筑项目管理体系；装配式建筑信息管理体系研究；装配式建筑PPP模式研究。

　　本书适合于从事装配式建筑相关的施工、科研等单位使用，也可供相关专业大中专院校师生使用。

责任编辑：张　磊
版式设计：京点制版
责任校对：李欣慰　王雪竹

装配式建筑创新与发展

——河北省装配式建筑"十三五"发展研究报告

河北省装配式建筑"十三五"发展规划研究课题组　编著

＊

中国建筑工业出版社出版、发行（北京海淀三里河路9号）
各地新华书店、建筑书店经销
北京京点图文设计有限公司制版
北京市密东印刷有限公司印刷

＊

开本：787×1092毫米　1/16　印张：13¾　字数：324千字
2017年10月第一版　2017年10月第一次印刷
定价：118.00 元
ISBN 978-7-112-21193-7
　　（30834）

本书编委会

顾问单位：河北省墙材革新和建筑节能管理办公室
　　　　　中国建筑科学研究院抗震所
顾　　问：郁达飞　刘耀辉　吕旭阳　朱忠帅　杨　沈
主　　审：杨　沈
编写单位：泛华建设集团有限公司"河北省装配式建筑
　　　　　十三五发展规划研究课题组"
　　　　　天津大学
主　　编：林之毅
编写人员：林之毅　李　凌　尹　路　徐晓光　赵成伟
　　　　　任利剑　孙　忠　乔　贺　杨佳璇　刘世强

应河北省住房和城乡建设厅之邀特为《装配式建筑创新与发展》一书作序。本书是河北省装配式建筑十三五发展规划的研究课题报告。该课题组对全国，特别是河北省装配式建筑的发展做了全面、系统、深入的研究，形成本报告，对河北省乃至全国装配式建筑发展具有较强的指导意义。我思考再三，想从三个方面谈谈我的认识。

中国为什么要发展装配式建筑？中共中央、国务院《关于进一步加强城市规划建设管理工作的若干意见》指出，要大力推广装配式建筑，减少建筑垃圾和扬尘污染，缩短建造工期，提升工程质量。要求"制定装配式建筑设计、施工和验收规范。完善部品部件标准，实现建筑部品部件工厂化生产。鼓励建筑企业装配式施工，现场装配。建设国家级装配式建筑生产基地。加大政策支持力度，力争在10年左右时间，使装配式建筑占新建建筑的比例达到30%"。我国现有的建造技术路径（称之为传统技术）形成于1982年，即钢筋混凝土现浇体系，又称湿法作业。客观上讲，其虽然对城乡建设快速发展贡献很大，但弊端亦十分突出：一是粗放式，钢材、水泥浪费严重；二是用水量过大；三是工地脏、乱、差，往往是城市可吸入颗粒物的重要污染源；四是质量通病严重，开裂渗漏问题突出；五是劳动力成本飙升，招工难管理难质量控制难（我认为，这一条恰恰是最本质的）。这表明传统技术已非改不可了，加上节能减排的要求，必须加快转型，大力发展工厂化装配式建筑。经过近10年的艰苦努力，我国工厂化装配式建筑已取得突破性进展，有些已处于世界领先地位，归纳起来有3种模式：一是以万科和远大住工等为代表的钢筋混凝土预制装配式建筑（PC）。该模式适合于量大面广的多层、小高层办公、住宅建筑，在传统技术框架和框剪基础上侧重于外墙板、内墙板、楼板等的部品化，部品化率为40%～50%，并延伸至现场装修一体化，成本进一步压缩，已接近传统技术成本，可以做到约5天建一层。该模式的实质是现浇框架或现浇框剪+3块板PC。本质上就是等代现浇体系，是一种过渡形式。实际上也是半装配式。下一步发展可能是，全结构PC体系，即梁、柱（或剪力墙）也是预制装配式，适合于多层小高层建筑。现仍处在科技创新和完善标准规范阶段。二是以东南网架、中建钢构等为代表的钢结构预制装配式建筑。该模式适合于高层超高层办公、宾馆建筑，部分应用到住宅建筑，在传统技术核心筒的基础上，侧重于钢结构部品部件尽量工厂化，还延伸至现场装修一体化，部品化率为30%～40%，强调集成化率。该模式深入创新发展可能是，钢结构装配式+3块板PC装配式，并且实现结构、机电、装修全装配式。三是以远大工厂化可持续建筑等为代表的全钢结构预制装配式建筑。该模式适合于高层超高层办公、宾馆、公寓建筑，完全替代传统技术，更加节能（80%）、节钢（10% ～ 30%）、节混凝土（60% ～ 70%）、节水（90%），部品化率为80% ～ 90%，部品在工厂内一步制作并装修到位，现场快捷安装，高度标准化、集成化使成本比传统技术压缩1/4 ～ 1/3，可以做到每天建1 ～ 2层，实现"六节一环保"（即更加节能、节地、节水、节材、节省时间、节省投资、环保），符合循环经济理念，又好、又省、又快。某种意义上讲，体现了从粗放的建筑业向高端制造业的转变，是建筑产业转型发展的一场深刻变革。可持续建筑是在全钢结构上的部品化、集成化，采用近似标准集装箱式运输，海运成本大幅降低，可破解一般装配式建筑运输半径的瓶颈。该模式仍处于科技试点示范阶段，尚未进入商业示范阶段。其突出特点提示我们，一是全钢结构全装配式（结构、机电、装修全装配式）；二是引进近似标准集装箱的概念破解运输半径的瓶颈。装配式建筑进一步发展应当是结构、机电、装修全装配式，应当是与BIM技术、超低能耗被动式建筑、EPC相结合。

河北省为什么要率先发展装配式建筑？中央决定规划建设雄安新区，重点打造北京非首都功能疏解集中承载地，有效缓解北京大城市病，与北京城市副中心形成新的两翼；以加快补齐区域发展短板，提升河北经济社会发展质量和水平，培育形成新的区域增长极；以优化调整京津冀城市布局和空间结构，拓展发展新空间，探索人口经济密集地点优化开发新模式，打造全国创新驱动发展新引擎，加快构建京津冀世界级城市群。从宏观、战略和历史的层面，如何规划建设好雄安新区，我建议：一是历史性地把握好雄安新区规划建设的三要素——城市天际线、建筑轮廓线、科学的交通路网。二是全面地把控好规划建设的核心价值观内涵——低碳、简约、实用。三是深刻地把脉住其特殊的政治、经济、社会、文化、历史的重要作用——演义中华民族伟大复兴历史责任的现代化的国际化大都市的经典范例，千年大计。当前，我们不但要把握好国际化大都市规划建设的正确发展方向，而且还要清醒意识到我国将历史地担当这一发展方向的引领者的责任。首先是借鉴，要对是非曲直有准确的判断。以美国为例，一方面一般城市规划建设深受霍华德"田园城市"思想影响，摊大饼、汽车轮子上的国家，土地和能源严重浪费。另一方面，国际化大都市商业中心区（以纽约曼哈顿为例）规划建设却又极尽节省土地空间之能事，开创了许多国际化大都市之先河。交通路网密布，不在车流人流和交通路网上算小账，而在建筑高度、容积率上算大账。在此基础上，强调高层超高层建筑之间高度、体量、色彩、风格上的协调并注重形成建筑轮廓线。据经济学家预测，中国的经济总量将在不远的时期超越美国成为世界第一大经济体，将在2050年前后占世界经济总量的约 1/3。无论历史地看，还是现实地看，中国都将引领世界城市规划建设发展方向，这是中华民族伟大复兴的中国梦不可或缺的部分。中国共产党作为执政党具有艰苦奋斗的优良作风，中华民族具有勤俭节约的传统美德，当前世界正崇尚低碳发展的道德要求。三者合一，用低碳、简约、实用原则抓好城市规划建设，应当成为引领发展方向的价值观。我们要深入思考总规与标志性建筑的结合问题，即高度、体量、色彩、风格上的协调；低碳城市与低碳建筑的结合问题，即简约、实用合理的要求；以及科学的交通路网与建筑容积率的结合问题。河北省发展装配式建筑的起点要高、立意要远，要抓住雄安新区规划建设的契机，大力发展装配式建筑，要有引领世界装配式建筑发展的雄心壮志。河北省要有这份担当。据中国建筑设计院装配式研究院总工程师张守峰的分析，今后雄安新区 80 ~ 90% 的建筑将会采用装配式。这一信息表明河北省必须走在发展装配式建筑的前列，关键在于各城市人民政府贯彻落实中共中央国务院和国办有关文件精神让政策真正落地。

本书对河北省装配式建筑发展的助推作用。本书系统性地介绍了河北省装配式建筑的发展现状、当前政策、现有需求及产能、所适用的结构体系、产业的体系建设、产业布局"十三五"发展目标和重点工作等，同时也对装配式建筑的标准化体系建设、项目管理体系建设、信息管理体系建设及 PPP 发展模式进行了深入的研究。本书是指导河北省各级建设主管部门以及开发建设单位、设计单位、施工单位、部品部件生产企业系统性指导专用书，是当前行业的迫切需要。河北省发展装配式建筑已经到了关键的转折点，如何更好地贯彻落实中共中央国务院和国办有关文件精神，以发展装配式建筑产业这一难得契机，促进本省经济转型提升和跨越式发展。目前，全国 31 个省、市、自治区都陆续出台了有关政策，各城市人民政府正在积极贯彻落实当中，而城市贯彻落实中共中央国务院和国办有关文件精神让政策真正落地是装配式建筑发展是否成功的关键所在。目前上海市通过政府引导、市场主导，各方主体参与，全面推动装配式建筑发展，在全国处于领先地位。上海市发展装配式建筑的成功经验，概括地说就是市委市政府对发展装配式建筑非常坚定，一是真明白，二是真想做，三是真会做。真明白就是真正明白发展装配式建筑是党中央国务院的重大决策部署，是绿色发展和提升城市发展品质的必然选择，上海市委市政府深刻认识到绿色发展是提升城市发展品质的关键，装配式建筑对发展绿色城市和促进经济转型具有突出作用；真想做就是真正有把发展装配式建筑这件大事做好的决心和坚定意志，上海市的发展决心从在供地面积总量中落实装配式建筑面积的要求不断升级上抓住了"牛鼻子"；真会做就是真正找出发展装配式建筑的关键环节，突破关键问题，制定切实有效的措施。简约地说，上海市大力推动装配式建筑发展突出的就是，抓住"倒逼机制"（牵住"牛鼻子"）和"奖励机制"（给快牛多喂草）及通过示范项目现场观摩引导各方。大力发展装配式建筑，河北省要有责任担当、起点要高、立意要远，要以雄安新区规划建设为引导，成为全国乃至世界装配式建筑发展的领导者。包括石家庄、唐山、保定等各城市要抓紧贯彻落实中共中央国务院和国办有关文件精神，要全面对照对接上海市的经验作法，真明白、真想做、真会做，并且有赶超和引领的决心，各城市政府还要把装配式产业作为提升本地经济转型和跨越发展的一次契机，与雄安新区规划建设相呼应，认认真真把装配式建筑发展这件大事抓好抓实。此外，如何引领开发建设单位、设计单位、施工单位、部品部件生产单位积极投身装配式建筑发展进程中亦为重要，让开发建设单位由原来的普遍抵触变为积极推广，寻找什么样的装配式建筑更好更省更快；设计单位不断深化设计能力，研究什么样的装配式建筑更能符合市场需要；施工单位由普遍观望转为主动参与，不断加大技术研发和资金投入，提升装配式建造的水平，向装配式建筑全产业链企业发展。相信本书会对助推河北省乃至全国装配式建筑发展起到积极的作用。

2017 年 8 月 29 日

（※ 本序作者为中国建筑业协会会长，"首都住房城市建设领域新型智库"首席专家，住房城乡建设部原总工程师、办公厅主任，曾任中国建筑科学研究院院长）

目 录

第一章　装配式建筑发展状况 ·· 001
　　第一节　装配式建筑概述 ··· 001
　　第二节　国外装配式建筑发展状况 ··· 007
　　第三节　我国装配式建筑发展状况 ··· 018

第二章　河北省装配式建筑产业发展现状研究 ······················· 024
　　第一节　河北省装配式建筑总体发展 ··· 024
　　第二节　河北省装配式建筑试点情况 ··· 025
　　第三节　河北省装配式建筑发展评估 ··· 029

第三章　河北省装配式建筑发展政策研究 ······························· 031
　　第一节　国外装配式建筑优秀政策借鉴 ····································· 031
　　第二节　国内装配式建筑政策研究 ··· 034
　　第三节　河北省推进装配式建筑政策方向 ································· 037

第四章　河北省装配式建筑需求与产能研究 ··························· 039
　　第一节　研究背景 ··· 039
　　第二节　河北省内装配式建筑发展需求预测 ····························· 041
　　第三节　全省城镇其他建设需求 ··· 044
　　第四节　全省乡村装配式建筑建设需求测算 ····························· 047
　　第五节　京津对河北装配式建筑需求预测 ································· 049
　　第六节　海外市场优势产品输出能力 ··· 050

第五章　河北省装配式建筑适用结构体系研究 ······················· 052
　　第一节　全省装配式建筑在不同结构体系中的配比 ················· 052
　　第二节　全省"十三五"期间不同结构体系产能需求预测 ········· 053

第六章　河北省装配式建筑产业体系建设研究 ······················· 056
　　第一节　装配式建筑产业链体系 ··· 056
　　第二节　河北省装配式建筑产业基地发展现状 ························· 058

第三节 河北省装配式建筑产业体系发展建议 …………………………… 063

第七章 河北省装配式建筑"十三五"发展目标与重点工作研究 ………… 067
　　第一节 明确发展目标 …………………………………………………… 067
　　第二节 推动重点工作 …………………………………………………… 068

第八章 河北省装配式建筑产业布局研究 ………………………………… 071
　　第一节 布局原则 ………………………………………………………… 071
　　第二节 影响因素分析 …………………………………………………… 072
　　第三节 全省装配式建筑产业布局 ……………………………………… 072
　　第四节 全省装配式建筑产业分级研究 ………………………………… 075

第九章 装配式建筑标准化体系建设研究 ………………………………… 078
　　第一节 装配式建筑标准体系的背景和发展趋势 ……………………… 078
　　第二节 国内装配式建筑标准化发展展望 ……………………………… 081

第十章 装配式建筑项目管理体系 ………………………………………… 096
　　第一节 建设单位对项目的管理 ………………………………………… 096
　　第二节 承包商对项目的管理 …………………………………………… 098
　　第三节 银行对贷款项目的管理 ………………………………………… 100
　　第四节 咨询（监理）工程师对项目的管理 …………………………… 104
　　第五节 政府对工程项目的管理 ………………………………………… 106
　　第六节 完善装配式建筑监管方式建议 ………………………………… 108

第十一章 装配式建筑信息管理体系研究 ………………………………… 113
　　第一节 装配式建筑信息化发展的背景和现状 ………………………… 113
　　第二节 装配式建筑的信息化建设模式设计 …………………………… 116

第十二章 装配式建筑 PPP 模式研究 ……………………………………… 120
　　第一节 PPP 模式的内涵与特征 ………………………………………… 120

第二节　PPP 操作的主要模式 ··· 123

第三节　装配式建筑相关 PPP 模式设计 ································· 124

附录 1　国务院办公厅关于大力发展装配式建筑的指导意见 ················· 128

附录 2　全国"十三五"装配式建筑行动方案 ································· 131

附录 3　装配式建筑示范城市管理办法 ······································· 136

附录 4　装配式建筑产业基地管理办法 ······································· 138

附录 5　河北省人民政府办公厅关于大力发展装配式建筑的实施意见 ········· 140

附录 6　河北省人民政府关于推进住宅产业现代化的指导意见 ··············· 145

附录 7　河北省装配式建筑"十三五"发展规划 ····························· 149

附录 8　河北省加快推进钢结构建筑发展方案 ······························· 161

附录 9　吉林省人民政府办公厅关于推进木结构建筑产业化发展的指导意见 ··· 164

附录 10　福建省装配式建筑"十三五"专项规划 ···························· 170

附录 11　江苏省"十三五"住宅产业现代化发展规划 ························ 177

附录 12　河北省住房和城乡建设厅关于全省农村装配式低层住宅建设情况的通报 ··· 183

附录 13　河北省装配式建筑典型图集 ······································· 188

附录 14　河北省新型墙体材料产能分布图 ··································· 204

后　记 ··· 206

CONTENTS

Chapter 1. The Development of Prefabricated Buildings **001**
    Section 1. The Overview of Prefabricated Buildings ···································· 001
    Section 2. The Development of Foreign Prefabricated Buildings ···················· 007
    Sections 3. The Development of Chinese Prefabricated Buildings ················ 018

Chapter 2. The Research on the Current Development of Prefabricated
Buildings in Hebei Province **024**
    Section 1. The Overview of Development of Prefabricated Buildings in Hebei Province ··· 024
    Section 2. The Situation of Pilot Project of Prefabricated Buildings in Hebei Province ······ 025
    Section 3. The Evaluation of the Development of Prefabricated
          Buildings in Hebei Province ···································· 029

Chapter 3. The Research on the Development Policy of Prefabricated
Buildings in Hebei Province **031**
    Section 1. The References of Successful Foreign Policies on Prefabricated Buildings ········ 031
    Sections 2. The Research on Domestic Policies on Prefabricated Buildings ···················· 034
    Section 3. The Direction of Promoting the Prefabricated Buildings Policy ···················· 037

Chapter 4. The Researches of the Demand and Capacity of Prefabricated
Buildings in Hebei Province **039**
    Section 1. The Research Background ···································· 039
    Section 2. The Forecast of the Development Demand of Prefabricated
          Buildings in Hebei Province ···································· 041
    Section 3. The Demand of Other Constructions in Hebei Province ···················· 044
    Section 4. The Estimation of the Demand of Prefabricated Buildings in Suburban
          Areas of Hebei Province ···································· 047
    Section 5. The Forecast from Beijing and Tianjin of the Demand of Prefabricated
          Buildings in Hebei Province ···································· 049
    Section 6. The Output Capacity of Competitive Products in Overseas Markets ·············· 050

Chapter 5. The Research of Applicable Structural System of Prefabricated
Buildings in Hebei Province **052**
    Section 1. The Proportion of Prefabricated Buildings in Different Structural
          Systems in Hebei Province ···································· 052

Section 2. The Forecast of the Capacity and Demands of Different Structural
          Systems in Hebei Province during the Period of "13th Five-Year Plan" ············ 053

Chapter 6. The Research of the Industrial System of Prefabricated Buildings ···················· **056**
Section 1. The Industrial Chain System of Prefabricated Buildings ···························· 056
Section 2. The Current Development of Prefabricated Buildings in Hebei Province ········· 058
Section 3. The Development Proposal of the Prefabricated Buildings Industrial System ······ 063

Chapter 7. The Development Targets and the Priority Areas of Work of
Prefabricated Building during the Period of "13th Five-Year Plan" ·················· **067**
Section 1. The Targets of Development ·· 067
Section 2. The Key Emphasis in Work ··· 068

Chapter 8. The Research of the Industrial Distribution of Prefabricated
Buildings in Hebei Province ·· **071**
Section 1. The Principles of Layout ·· 071
Section 2. The Analysis of Influencing Factors ··· 072
Section 3. The Industrial Distribution of Prefabricated Buildings in Hebei Province ········· 072
Section 4. The Classification Research of Prefabricated Buildings in Hebei Province ········· 075

Chapter 9. The Research of Standardization System of Prefabricated Buildings ················· **078**
Section 1. The Background and Tendency of the Prefabricated Buildings
          Standardization System ·· 078
Section 2. The Prospect of Standardization Development of Domestic
          Prefabricated Buildings ·· 081

Chapter 10. The Management System of the Projects of Prefabricated Buildings ··············· **096**
Section 1. The Management of the Projects by Construction Organizations ···················· 096
Section 2. The Management of the Projects by Contactor ···································· 098
Section 3. The Management of the Loans by Banks ·· 100
Section 4. The Management of the Projects by Consulting Engineers ···················· 104
Section 5. The Management of the Construction Projects by Government ················· 106
Section 6. The Proposals for Optimizing the Supervision Methods to
          Prefabricated Buildings ·· 108

Chapter 11. The Research of the Information Management System of
Prefabricated Buildings ·· **113**
Section 1. The Background and the Current Situation of Digitalization
          Development of Prefabricated Buildings ··· 113
Section 2. The Design of the Digitalization Construction Mode of Prefabricated
          Buildings ··· 116

Chapter 12. The Research of PPP Mode of Prefabricated Buildings **120**

    Section 1. The Contents and the features of PPP Mode ·· 120

    Section 2. The Main Operation Modes of PPP Mode ··· 123

    Section 3. The Design of PPP Mode Related to Prefabricated Buildings ····················· 124

Appendix A: The Guiding Proposals on the Development of Prefabricated Buildings by the

    General Office of the State Council ··· 128

Appendix B: The National Prefabricated Buildings Action Program during the Period of

    "13th Five-Year Plan" ··· 131

Appendix C: The Model Cities' Administration Methods of Prefabricated Buildings ····················· 136

Appendix D: The Administration Methods of Prefabricated Buildings Industrial Bases ················ 138

Appendix E: The Implementation Proposals on the Development of Prefabricated Buildings by the

    General Office of People's Government of Hebei Province ································· 140

Appendix F: The Guiding Proposals on the Promotion of Housing Industrial Modernization

    by the People's Government of Hebei Province ····································· 145

Appendix G: The Development Plan of Prefabricated Buildings in Hebei Province during the

    Period of "13th Five-Year Plan" ··· 149

Appendix H: The Proposals on the Accelerating Promotion of Development of Steel

    Structures in Hebei Province ·· 161

Appendix I: The Guiding Proposals on the Promotion of Timber Buildings Industrialization

    by the General Office of People's Government of Jilin Province······················· 164

Appendix J: The Special Plan of Prefabricated Buildings in Fujian Province during the

    Period of "13th Five-Year Plan"··· 170

Appendix K: The Development Plan of Housing Industrial Modernization in Jiangsu

    Province during the Period of "13th Five-Year Plan" ······························ 177

Appendix L: Situation Circular of Rural Prefabricated Building in Hebei Province ····················· 183

Appendix M: The Atlas of Typical Prefabricated Buildings in Hebei Province ························· 188

Appendix N: The Capacity Distribution Graphs of New Wall Materials in Hebei Province ·············· 204

装配式建筑发展状况

第一节　装配式建筑概述

在人类发展历程中，人们建造房屋都是采用传统手工方式进行的，把各种建筑材料、半成品在施工现场通过各工种的分工协作建造起来。这种方法的特点是劳动强度大、工期长、耗工多，对环境污染严重，同时施工受劳动力、施工机具、建筑材料、施工场地和季节气候等各种因素制约。

一、装配式建筑的概念

装配式建筑（prefabricated building）是指用预制部品部件在工地装配而成的建筑。这种建筑是通过在工厂或施工现场的专用场地预制部品部件，通过机械吊装和一定的连接方式把零散的预制部品部件连接成为一个整体而建造起来的。装配式建筑具有设计标准化、生产工厂化、施工装配化、装修一体化、管理信息化和应用智能化的特征。

从结构上分，装配式建筑有多种结构类型，主要有：装配式混凝土结构建筑（prefabricated concrete building）（图1-1）、装配式钢结构建筑（prefabricated steel structure building）（图1-2）、装配式木结构建筑（prefabricated timber building）（图1-3）。主体结构由混凝土构件构成的称为装配式混凝土结构建筑，主体结构由钢构件构成的称为装配式钢结构建筑，

图1-1　装配式混凝土结构

图1-2　装配式钢结构

图1-3　装配式木结构

主体结构由木构件构成的称为装配式木结构建筑，而主体结构由上述两种以上构件构成的则称为混合结构。

二、装配式建筑的特点

与传统建造方式相比，装配式建筑的主要特点有：

（1）工业化生产。因为预制部品部件是在工厂统一化、标准化生产，有利于工业化、机械化生产方式的应用。采用工业化的生产方式可以提高劳动生产率，保障工人生产劳动条件，并且工厂生产环境相对稳定，有利于控制产品质量，检验产品出厂品质，保证部品部件的高品质。在工厂生产的环境下，模具的使用可以更加精细，复杂多样的模具可以使预制部品部件的造型更加丰富多样。在产品制作成本上，由于采用工业化生产，规模效应凸显，能够降低工程建造成本（图1-4）。

图1-4　工业化生产

（2）施工方便，节省模板。因为预制部品部件在工厂已经采用高效率的机械化生产线完成了，在现场仅仅需要做预制部品部件安装连接，而预制楼梯等部品部件不需要支撑，叠合板、叠合梁等部品部件的模板使用量少，可以大大减少现场的支模以及混凝土浇筑，使施工更为方便快速。在工厂生产可以减小季节天气对施工的影响（图1-5）。

图1-5　现场安装

（3）环境影响小。由于预制部品部件采用的是工厂制造、现场组装的模式建造，减少了大量的现场施工工序，尤其遇到在施工工期十分紧张的闹市区施工，要尽量不影响周围人们的工作生活，装配式施工能很好地适应这种要求。而且由于采用工厂化生产，使得施工现场的建筑垃圾和粉尘污染大量减少，因而更加环保（图1-6）。

（4）产品质量高。工厂化生产的部品部件，由于模具精度更高，生产部品部件的尺寸更加精准、外观更加美观，还能将保温隔热材料、水电管道布置等多方面功能一次性集成制作完成，使产品质量明显提高（图1-7）。

图1-6　市区安装　　　　　　　　　　　　图1-7　工厂集成制作

（5）缩短施工工期，加快投资回收。装配式建造在现场主要是组装连接，减少了支模、拆模、钢筋绑扎等一系列繁复工序，节约了时间，使现场的施工速度明显加快，从而缩短了施工工期和还贷时间，缩短了资金回收周期，经济效益显著提高。

（6）运输条件要求高。由于装配式建造方式的特殊性，预制部品部件送往现场安装的过程中，需要大型运输工具和安装设备，增加了运输安装成本。因此，为了降低运输成本，部品部件生产厂与施工现场的距离不宜太远，按照综合经济测算分析，一般不超过150km运输半径，则能有效保证经济效益（图1-8）。

图1-8　运输车辆

三、发展装配式建筑的必要性

装配式建筑是建造方式的重大变革。二战后，发达国家为适应大规模快速建设住房的需求和全面提高建筑质量、品质的需要，广泛采用装配式建造方式。我国目前建筑施工仍以现场浇筑作业为主，新建建筑中装配式建筑比例不足 5%，与国际先进水平相比差距较大。发展装配式建筑是牢固树立和贯彻落实创新、协调、绿色、开放、共享五大发展理念，按照"适用、安全、经济、绿色、美观"要求推动建造方式创新的重要体现，是稳增长、促改革、调结构的重要手段。在全面推进生态文明建设、加快推进新型城镇化进程中，发展装配式建筑意义重大。

1. 发展装配式建筑是落实党中央国务院决策部署的重要举措

近年来，政府各级领导都高度重视装配式建筑的发展，《中共中央国务院关于进一步加强城市规划建设管理工作的若干意见》，对装配式建筑发展提出了明确要求，要按照推进供给侧结构性改革和新型城镇化发展的要求，大力发展钢结构、混凝土等装配式建筑，具有发展节能环保新产业、提高建筑安全水平、推动化解过剩产能等一举多得之效。国务院发布的《大力发展装配式建筑的指导意见》，全面系统地指明了推进装配式建筑的目标、任务和措施。

2. 发展装配式建筑是促进建设领域节能减排降耗的有力抓手

采用现场浇（砌）筑的方式，资源能源利用效率低，建筑垃圾排放量大，扬尘和噪声环境污染严重。如果不从根本上改变建造方式，粗放建造方式带来的资源能源过度消耗和浪费将无法扭转，经济增长与资源能源的矛盾会更加突出，并将极大地制约中国经济社会的可持续发展。

发展装配式建筑在节能、节材和减排方面的成效已在实际项目中得到证明。在资源能源消耗和污染排放方面，根据住房和城乡建设部科技与产业化发展中心对 13 个装配式混凝土建筑项目的跟踪调研和统计分析，装配式建筑相比现浇建筑，建造阶段可以大幅减少木材模板、保温材料（寿命长，更新周期长）、抹灰水泥砂浆、施工用水、施工用电的消耗，并减少 80% 以上的建筑垃圾排放，减少碳排放和对环境带来的扬尘及噪声污染，有利于改善城市环境、提高建筑综合质量和性能、推进生态文明建设，见表 1-1。

装配式建筑相比传统现浇建筑的节能降耗水平   表 1-1

项目	节能降耗水平
木材	55.40%
保温材料	51.85%
水泥砂浆	55.03%
施工用水	24.33%
施工用电	18.22%
建筑垃圾排放	69.09%
碳排放	27.26kg/m2
污染	可以有效减少施工现场扬尘排放和噪声污染

3. 发展装配式建筑是促进当前经济稳定增长的重要措施

2006 年以来，我国建筑业增加值占国内生产总值的比重始终保持在 5.7% 以上。特别是 2014 年建筑业实现增加值 4.47 万亿元，占国内生产总值比重达到 7.03%，再创新高。2015

年全年全社会建筑业实现增加值 46456 亿元，比上年增长 6.8%，建筑业在国民经济中具有重要的支柱产业地位。

当前，我国建筑业面临改革创新的重大挑战，发展装配式建筑正当其时：（1）可催生众多新型产业。装配式建筑量大面广，产业链长，产业分支众多。发展装配式建筑能够为部品部件生产企业、专用设备制造企业、物流产业、信息产业等提供新的市场需求，有利于促进产业再造和增加就业。特别是随着产业链条向纵深和广度发展，将带动更多的相关配套企业应运而生。（2）拉动投资。发展装配式建筑必须投资建厂，建筑装配生产所需要的部品部件，能带动大量社会投资涌入。（3）提升消费需求。集成厨房和卫生间、装配式全装修、智能化以及新能源的应用等将促进建筑产品的更新换代，带动居民和社会消费增长。（4）带动地方经济发展。从国家装配式建筑试点（示范）城市发展经验看，凭着引入"一批企业"，建设"一批项目"，带动"一片区域"，形成"一系列新经济增长点"，发展装配式建筑能够有效促进区域经济快速增长。

4. 发展装配式建筑是带动技术进步、提高生产效率的有效途径

近些年，我国工业化、城镇化快速推进，劳动力减少、高素质建筑工人短缺的问题越来越突出，建筑业发展的"硬约束"加剧。一方面，劳动力价格不断提高。另一方面，建造方式传统粗放，工业化水平不高，技术工人少，劳动效率低下。发展装配式建筑涉及标准化设计、部品部件生产、现场装配、工程施工、质量监管等，构成要素包括技术体系、设计方法、施工组织、产品运输、施工管理、人员培训等。采用装配式建造方式会"倒逼"诸环节、诸要素摆脱低效率、高消耗的粗放建造模式，走依靠科技进步、提高劳动者素质、创新管理模式、内涵式、集约式发展道路。

装配式建筑在工厂里预制生产部品部件的生产效率远高于手工作业，不受恶劣天气等自然环境的影响，工期更为可控；生产机械化程度高，大大减少了传统现场施工的湿作业，交叉作业方便有序，大大提高劳动生产效率，大大减少现场用工数量。通过生产方式转型升级，减轻劳动强度，提升生产效率，摊薄建造成本，有利于突破建筑业发展瓶颈，全面提升建筑业的发展水平。

5. 发展装配式建筑是实现"一带一路"发展目标的重要路径

加入世界贸易组织以来，我国建筑业与国际市场已深度融合。在经济全球化大背景下，要在巩固国内市场份额的同时，主动"走出去"参与全球分工，在更大范围、更多领域、更高层次上参与国际竞争，特别是在"一带一路"战略中，采用装配式建造方式，有利于与国际接轨，提升核心竞争力，利用全球建筑市场资源服务自身发展。

装配式建筑能够彻底转变以往建造技术水平不高、科技含量较低、单纯拼劳动力成本的竞争模式，将工业化生产和建造过程与信息化紧密结合，应用大量新技术、新材料、新设备，强调科技进步和管理模式创新，注重提升劳动者素质，注重塑造企业品牌和形象，以此形成企业的核心竞争力和先发优势。同时，采用工程总承包方式，重点进行方案策划，在前期阶段介入一体化设计先进理念，注重产业集聚，在国际市场竞争中补"短板"。发展装配式建筑将促进企业苦练内功，携资金、技术和管理优势抢占国际市场，依靠工程总承包业务带动

国产设备、材料的出口，在参与经济全球化竞争过程中取得先机。

6. 发展装配式建筑是全面提升住房质量和品质的必由之路

新型城镇化是以人为核心的城镇化，住房是人民群众最大的民生问题。当前，住宅施工质量通病一直饱受诟病，如屋顶渗漏、门窗密封效果差、保温墙体开裂等。建筑业落后的生产方式直接导致施工过程随意性大，工程质量无法得到保证。

发展装配式建筑，主要采取以工厂生产为主的部品制造取代现场建造方式，工业化生产的部品部件质量稳定；以装配化作业取代手工砌筑作业，能大幅减少施工失误和人为错误，保证施工质量；装配式建造方式可有效提高产品精度，解决系统性质量通病，减少建筑后期维修维护费用，延长建筑使用寿命。采用装配式建造方式，能够全面提升住房品质和性能，让人民群众共享科技进步和供给侧改革带来的发展成果，并以此带动居民住房消费，在不断的更新换代中，走向实现中国住宅梦的发展道路。

7. 有利于带动建筑业全面转型和升级

推动装配式建筑是实现建筑业转型升级的一个必要的路径。对于建筑业整个结构性调整，从多个承包商为主的中小型建筑企业转为有技术和管理实力的大建设公司承包，有名无实的公司被大浪淘沙。对建筑问题繁多、出现状况找不到落实负责人等乱象的改变大有裨益。也反作用于建筑公司，对于他们自身的技术、管理水平升级和改革起一定的加速和促进作用。近年来，国内已经陆续出现一些装配式建筑方面的技术服务型企业，诸如沈阳卫德住宅工业化科技有限公司，就对建筑部品进行二次拆分，依据生产经验进行再设计，设计出更加符合现场生产的预制部品部件。

同样，装配式建筑对建材和制品无论从数量、质量、品种、规格上都将提出新的更高的要求，建材行业也必须进行相应的技术改造，由粗制加工产品向精细加工的半成品、成品方向发展。一些新型建筑材料企业随之诞生，将主营业务延伸，成立设计、构配件生产、施工一体化（"三个一体化"）的住宅产业集团，谋求新的发展方向。装配式建筑作为住宅建设生产方式的重大改革，必将对与之相关的各行业产生巨大而深刻的影响，如钢材、洁具卫浴、家装材料等。

8. 有利于促进国民经济优化发展

房产经济属于内需主导经济，而购房消费如何强劲地拉动这匹大马车是一个值得思考的问题。无论是宏观上我国和当地的经济发展水平、产业结构、住宅需求情况和社会购买水平，还是微观的投资规模、水平档次、建筑质量以及房产价格等，都对于房产市场或大或小的有着一定的影响。盲目的投资和炒作所制造的虚假繁荣的泡沫房产对住宅经济有阻碍作用。

装配式建筑实现了住宅的集约化生产、规模化经营，优化各种资源的配置，可以以较少的投入，实现住宅建设数量与质量的高产出，以大量优质适价的住宅满足居民的需要，有助于实现住宅建设的目标，增强住宅建设对国家经济的推动作用，有助于住宅成为国民经济新的增长点。国内经验表明，装配式建筑对经济增长有敏感性、超前性和关联性。我国前几年沿海经济的迅速发展和整个经济的高速增长，都是以房地产业、住宅产业的高速发展为内容。据测算，房产投资每增长 10%，可以拉动 GDP 增长 1% 左右。另外房地产的发展因其与整个国民经济其他相关部门之间的关联性，可以解决居民居住问题，带动相关产业的发展，同时带动金融保险、财政税收、中介服务等第三产业的发展，增加就业机会、保证社会稳定繁荣，使住宅投资形成很大的乘数效应。

9. 有利于推进住房供给侧改革

我国的住宅开发模式还没有完成从传统的"粗放型"向"集约型"转变，其发展还主要依赖于资金、人力的投入以及资源、能源的大量消耗。据初步测算，近年来我国住宅建筑用钢占全国用钢总量的 20%，水泥用量占全国总用量的 17.6%，城市建成区用地的 30% 用于住宅建设，城市水资源的 32% 在住宅使用中消耗，住宅使用能耗占全国总能耗的 20% 左右，若再考虑加上建材生产和建造的能耗，住宅总能耗约为 37%。国外装配式建筑程度高达 70%，而我国仅为 1% ~ 3%。总体上，我国装配式建筑的科技革新速度还比较低。中央提出的供给侧改革，既是对于经济增长方式的变革，也是对于产品生产方式和能源消耗的改革，这一切的基础就是技术创新和管理创新。推动装配式建筑正是从理念创新到技术创新再到管理创新，从智慧城市、智慧建筑和智慧生活的角度来实现对于住宅供给侧的改革。

第二节　国外装配式建筑发展状况

19 世纪末 20 世纪初，随着西方国家的工业化、城市化进程，人口大量在城市聚集，几乎所有国家都经历了住房短缺时代，进而导致大量的社会问题。为了解决中低收入阶层的住房需求，各国政府开始通过立法、设立相关机构等一系列措施，对住宅市场进行不同程度的干预，并纷纷致力于进行住房保障方面的实践与研究工作，并开始大力倡导采用工业化的生产方式建造住宅，装配式住宅大量涌现。几十年来，装配式建筑由理念到实践，在发达国家逐步完善，形成了较为系统的设计方法、施工方法，各种新材料、新技术也层出不穷，并随之形成了一套完整的装配式建筑体系。第二次世界大战结束后，发达国家的城市住宅需求量急速增长，一批现代派建筑大师手工业化的影响开始将建筑往工业化的方式引导。装配式住宅成为其核心内容，逐渐成熟。其发展过程有三个阶段：第一阶段是工业化形成的初期阶段，解决的重点是建立工业化生产、建造体系；第二阶段是工业化的发展期，解决的重点是提高住宅的质量和性价比；第三阶段是工业化发展的成熟期，解决的重点是进一步降低住宅的物耗和环境负荷，发展资源循环型住宅。

一、日本发展状况

日本是世界上率先在工厂里生产住宅的国家，早在 1968 年"住宅产业"一词就在日本出现，住宅产业是随着住宅生产工业化的发展而出现的。日本的普通住宅多为独栋别墅，一般为轻钢结构或木结构为主，城市高层住宅以钢结构或预制混凝土框架＋预制外墙挂板体系为主（图1-9）。采用工业化的方式建造住宅要比采用现浇的方式在成本上会低10%～15%，是基于比较自动化的生产之上。20世纪90年代，装配式建筑方式生产的住宅占竣工住宅总数的25%～28%，见表1-2。

图1-9　日本装配式住宅

日本钢结构建筑的历史有100年左右。目前日本的各种建筑结构中，钢结构的建筑数量最多，占住宅建筑总面积的20%左右，其中多数为低层独立住宅。使用轻型钢的低层小规模住宅已系统化，并已推广。钢结构住宅的主要特点是：（1）与钢筋混凝土结构相比，有着更好的抗震、防腐、耐久、环保和节能效果，可减小构件断面，增加柱间跨度，能将使用面积增加5%～8%，并得到较高的层高空间。（2）可实现构架的轻量化和构件大型化，运送简便，加工性能优异，质量稳定，便于实现系统化，提高生产率，降低基础成本。（3）吊装施工较为简便，比混凝土施工所需的现场劳动量小，不需要钢筋混凝土结构的养护期，可提高施工效率。一般房屋的龙骨现场装配包括所有的精装修和设备安装，整个建造过程大约只需要3个月时间。如果工厂预制程度更高，就只需1个半月左右的时间。但钢结构住宅存有成本较高、墙体隔声性能差、防火处理复杂的缺点。

二战结束后日本住宅建设发展分为四个阶段 表1-2

发展阶段	发展特点
住宅复兴期（1945～1955年）	这一阶段的特点是DK型（Dining Kitchen）的诞生，提出把进餐从就寝的居室中分离出去，适当地增加厨房的面积
标准设计期（1956～1965年）	1955年"日本住宅公团"成立，公布了"住宅公团法"，住宅开始采用标准设计方式55型。以后逐步改进，每隔1～2年改进一种型式，直至65型，在全国统一使用，它具有规范的特性，大批采用标准设计，施工部门不能无故更改
高层公寓期（1966～1976年）	1966年日本经济开始进入飞跃时期，政府颁布了"住宅建设工业化的基本设想"，提出住宅作为一种定型商品，把标准化的预制装配式住宅和开发新住宅区作为住宅工业的两大支柱。为了提高土地使用率，1970年设计的70-FS型和70-8CS型标准图是公团最早设计30层以上的高层住宅标准设计
低层住宅期（1977～1985年）	日本从1945～1975年30年间共新建各种住宅2854万户，已经超过了全国家庭总户数。根据1978年统计，全国平均每户为80m²，每人1.3室。为了适应新的要求，新建住宅的层数逐步减少，户型多为3L（Living）DK和4LDK。1976年，"公营住宅标准设计新系列"NPH标准设计代替了平面固定、灵活性较差的SPH标准设计。把标准设计作为规格化设计，结合每个住宅区的情况，可作部分修改使用

1. 部品化保障日本装配式建筑健康发展

日本装配式建筑的基础包括住宅建筑体系和住宅部品体系成套化、通用化和标准化。其发展特点是资金和技术集中、工业化规模生产、社会化市场供应。在日本，住宅不同生产方式的基础成本、土地成本、改造宅基地成本、场地准备成本等均相同，工业化带来的成本不同点主要集中在建筑成本和资金成本上，其中工期缩短带来的资金效率和人工成本的降低弥补了工业化自身增加的建筑成本。而日本人力成本较高，通过工业化生产减少了工人在现场的工作时间，促使劳务升级，大大降低了劳动力成本，从而有效控制了工业化的成本。成本降低的核心之一就是日本人力推广的部品化工作（图1-10）。

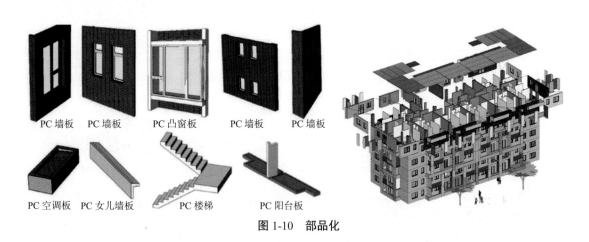

PC 墙板　PC 墙板　　PC 凸窗板　　PC 墙板　　PC 墙板

PC 空调板　PC 女儿墙板　　PC 楼梯　　PC 阳台板

图 1-10　部品化

从 20 世纪 60 年代开始，日本将发展部件化作为发展建筑工业化的一个重要组成部分。所谓部件化，就是大力发展除主体结构部品部件以外的通用部件。1959 年，推行 KJ 部件，以不锈钢水池部件为起点，有门扇、厨房排风扇、信箱、浴缸等系列化部件。1979 年，日本住宅部件开发中心制定以开发通用部件为目的的优良住宅部件（BL 部件）审定制度，提出了通用部件所应有的最低性能和模数协调尺寸体系。每年编制一册《BL 住宅部件目录》。目录已发展到 10 大类（外储藏和金属箱、门及设备、窗、内装修系统、厨房系统、热水供应系统、卫浴系统、信息系统、供水系统、电梯）30 多个分类。目录发展很快，1984 年有 332 个厂家，681 种部件产品，1999 年发展到 933 个厂家，1943 种部件产品。日本推行编制 BL 住宅部件目录，有一套比较完整的科学的标准化方法，生产企业按目录生产，保证产品质量，用户使用放心。

日本用了 20 年的时间，推行住宅部品，现在住宅的各个部分都有通用部品，对无特殊要求的住宅，只要将通用部品组合起来即可。住宅部品的模数协调标准国际化。在住宅标准设计方面，当前存在着两种趋势：一种是许多国家（法国、日本、瑞典、芬兰等）都努力实现以标准化构配件组成建筑物的方法，即通用体系原则；另一个趋势是缩小定型单位，使标准化和多样化更好地统一起来。日本 1981 年对公营住宅制定了"公营住宅设计标准"（以户为单位的标准设计通则），各设计单位和企业可据此编制自己的住宅标准设计。同时，也不排除整幢房屋定型设计的方法。目前在许多工业发达国家，住宅部品标准一般占住宅建设标准总数的 80% 以上，而且随着住宅部品体系的完善，住宅部品标准的数量增长较快。

2. 智慧化保障日本装配式建筑绿色发展

日本住宅有个显著的特点：传统与智能的结合。传统的日式草席和建筑"灰"空间与高科技应用交相辉映。目前，在日本新建的建筑物中60%以上是智能型的。日本住宅的高智能化是与日本高科技的发展相吻合的。日本松下电器科技馆展示的最新家用电器和IT信息化通信产品，如可视电话家庭监控系统和GIS卫星地理信息系统等，基本上都已在智能住宅内得到应用。为了促进智能住宅的发展，1988年日本专门成立了"住宅信息化推进协会"，提出了"住宅信息系统计划"，其目标是"将家庭中各种与信息相关的通信设备、家用电器和家庭保安装置，通过家庭总线技术，连到一个家庭智能化系统上，进行集中的或异地的监视、控制和管理，以达到安全、便利、舒适以及多元化信息服务的目的"。由于日本资源短缺，日本住宅也十分重视节能问题，太阳能的利用比较普遍。住宅的建造还采用新型的绿色节能材料，以减少采暖和空调的费用和节省能源（图1-11、图1-12）。

图 1-11　东京蒲田昭和实验楼　　　　图 1-12　昭和电工川崎工厂—55 栋房屋实验楼

2015年日本国土交通省数据，在新建建筑中，按照结构类型划分，木结构建筑占比41.4%，钢结构建筑占比37.9%，钢筋混凝土结构建筑占比20.1%。在新建住宅中，木结构住宅占比55.5%，钢结构住宅占比18.1%，钢筋混凝土结构住宅占比26.3%。

日本发展装配式建筑的主要措施有以下方面：（1）在法律与制度方面，日本有《住宅建设计划法》、《基本居住生活法》、《日本住宅品质确保促进法》等。（2）以标准化促进部品部件规模化生产。日本制定了统一的模数标准，推行标准化和部件化。（3）机构职能明确，经济产业省通过课题形式，用财政补贴支持企业进行新技术的开发。（4）颁布多个支持政策，对采用新技术、新产品的项目，金融公库给予低息长期贷款建立了"试验研究费减税制"、"研究开发用机械设备特别折旧制"等。

日本可借鉴的经验有：（1）目标明确。日本根据每五年都颁布住宅建设五年计划，每一个五年计划都有明确的促进住宅产业发展和性能品质提高方面的政策和措施。（2）在保障性住房中率先采用装配式建造技术，并迅速形成产业规模，在技术体系成熟后，带动商品房项目跟进学习采用。（3）有专门机构推进。如近年来，为了推广木结构建筑，日本国土交通省设立"国土交通省住宅局住宅生产课木造住宅振兴室"。（4）设计风格丰富多彩。日本有许多住宅展示场，展出风格各异的独立式住宅，供消费者选购和订制，因此，日本基本上没有出现千楼一面的现象。（5）内装100%是工业化生产＋现场干作业方式。（6）产业链发育充分，大集团企业引领行业技术发展，颁布企业规程和标准，带动专业性公司发展，形成大小企业共同发展的产业链体系。

二、美国发展状况

美国住宅以低层钢、木结构装配式住宅为主，注重住宅的舒适性、多样化、个性化。对于高层住宅多采用框架轻板装配式住宅，预制混凝土结构在土木工程中的应用比例为35%。如1997年美国新建住宅147.6万套，其中预制装配式住宅113万套，99万套为木结构。美国住宅使用部品部件的标准化、系列化、社会化程度很高，几乎达到100%。主要表现在：高层钢结构住宅基本实现了干作业，达到了标准化、通用化；独户式木结构住宅、钢结构住宅在工厂里生产，在施工现场组装，基本实现了干作业，达到了标准化、通用化；用于室内外装修的材料和设备、设施种类丰富，部品部件种类丰富，品种达几万种，用户可以通过产品目录，从市场上自由买到所需的产品，非专业的消费者可以按照说明书自己组装房屋。这些部品部件具有通

图1-13 美国装配式建筑施工图

用性，易于机械化生产。美国没有毛坯房交付的现象，装饰装修基本上消除了现场湿作业，全面实现了装配式装修，同时具有较为配套的施工机具，如图1-13所示。

美国国会1976年，就通过了《国家工业化住宅建造及安全法案》，住房和城市发展部（HUD）引导相关机构出台一系列行业规范标准，只有达到HUD标准并拥有独立的第三方检查机构出具的证明，工业化住宅才能出售。

美国可借鉴的经验有：一是以市场化、社会化发展为主。标准规范齐全，标准化系列化通用化程度高；二是社会化分工与集团化发展并重。工厂生产商的产品有15%~25%的销售是直接针对建筑商。同时，大建筑商并购生产商或建立伙伴关系大量购买住宅组件，通过扩大规模，降低成本。

三、英国发展状况

英国政府积极引导装配式建筑发展，明确提出英国建筑生产领域需要通过新产品开发、集约化组织、工业化生产以实现"成本降低10%，时间缩短10%，缺陷率降低20%，事故发生率降低20%，劳动生产率提高10%，最终实现产值利润率提高10%"的具体目标。同时，政府出台一系列鼓励政策和措施，大力推行绿色节能建筑，以对建筑品质、性能的严格要求促进行业向新型建造模式转变。英国十分重视因地制宜发展不同结构形式。在英国，钢结构建筑和木结构建筑也得到了很好的发展（图1-14）。

英国可借鉴的经验有：（1）装配式建筑的发展需要政府主管部门与行业协会等紧密合作，完善技术体系和标准体系，促进装配式建筑项目实践。（2）可根据装配式建筑行业的专业技能要求，建立专业水平和技能的认定体系，推进全产业链人才队伍的形成。（3）除了关注开发、设计、生产与施工外，还应注重扶持材料供应和物流等全产业链的发展。

图 1-14 伦敦金斯敦豪景公寓

四、德国发展状况

德国以混合结构为主，从钢结构到混凝土结构，继而发展到预制混凝土和木结构，发展至今的混合结构，各种结构体系反映建筑工业化在德国所走过的路线，尤其是其中的混合结构，可谓提炼了德国多年建筑工业化的精华，融合了混凝土、钢结构、木结构和玻璃结构等，拥有设计简单、结构合理、施工便捷、灵活可变、节能环保、因地制宜、美观大方等多种优势，是德国当今使用最为广泛的结构体系。当今德国在建筑工业化的框架下，基本已看不见传统现浇方式生产的建筑形式，见表 1-3。

德国装配式建筑应用方向与内容　　　　　　　　　　表 1-3

应用领域	应用内容
工业建筑和设施	钢结构、复合木结构或预制混凝土结构的大跨度梁柱构件，以及钢结构或预制混凝土的围护墙板、排水沟渠、隔墙系统、楼板屋顶等
百年建筑	钢结构、木结构的梁柱在百年建筑的修葺方面应用广泛
住宅、酒店、办公楼	叠合板搭配保温体系，复合多层预制木结构或钢结构梁、钢柱，以及各类材料形式预制楼梯、阳台、平台等
别墅、会所	轻钢、木结构、预制清水混凝土，结构安全，美观大方
道桥建设	钢结构、装配式混凝土结构道路防护栏，以钢结构和预制箱形混凝土为主的桥梁，甚至木结构桥梁
地下及隧道工程	叠合板式地下车库、地下管道、检查井、盾构管片等

由此可见，德国建筑工业化的表现形式多样，结构形式和技术路线种类繁多。据德国统计，多数建筑为以工业化模板系统现浇混凝土结合钢、木、混凝土、玻璃等预制部品部件所组成的复合体，在工业化的概念下，比例已达 80% 以上。德国装配式建筑领域的产业链如图 1-15 所示。

德国值得我国借鉴的发展装配式建筑措施主要有两方面：（1）建立相关标准规范。规定装配式建筑首先应满足通用建筑综合性技术要求，同时要满足在生产、安装方面的要求。（2）鼓励不同类型装配式建筑技术体系研究，逐步形成适用范围更广的通用技术体系，推进规模化应用，降低成本，提高效率。

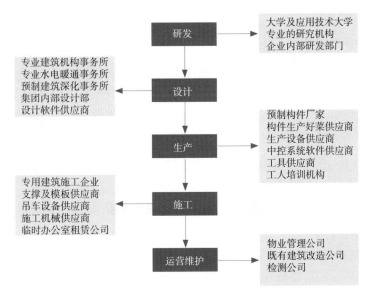

图 1-15　德国装配式建筑领域的产业链

德国可借鉴的经验有：（1）注重环保建筑材料和建造体系的应用，追求建筑的个性化、设计精细化，不断优化施工工艺，完善建筑施工机械。（2）实行建筑部品的标准化、模数化，强调建筑的耐久性。（3）因地制宜选择合适的建造体系，发挥建筑工业化的优势，达到提升建筑品质和环保性能的目的，不盲目追求预制率水平（图 1-16）。

图 1-16　德国维尔茨堡大学教学楼

五、法国发展状况

法国是世界上推行装配式建筑最早的国家之一，法国装配式建筑的特点是以预制装配式混凝土结构为主，钢结构、木结构为辅。法国的装配式住宅多采用框架或者板柱体系，焊接、螺栓连接等均采用干法作业，结构构件与设备、装修工程分开，减少预埋，生产和施工质量高。法国主要采用的预应力混凝土装配式框架结构体系，装配率可达 80%。

法国可借鉴的经验有：（1）在住宅大规模建设时期推进装配式建筑发展。法国抓住住宅大规模建设的有利契机，形成了工业化生产（建造）体系，改变了传统的住宅手工建造方式，提高了生产效率。该阶段以全装配式大板和工具式模板现浇工艺为标志，出现了许多"专用建筑体系"，不同体系出自不同厂商，各建筑体系的部品部件互不通用。（2）建立建筑部品的模数协调原则。在20世纪90年代，法国混凝土工业联合会和法国混凝土制品研究中心编制出一套GS软件系统。这套软件系统把遵守统一模数协调原则、在安装上具有兼容性的建筑部件（主要是维护部品部件、内墙、楼板、柱和梁、楼梯和各种技术管道）汇集在产品目录之内，告诉使用者有关选择的协调规则、各种类型部件的技术数据和尺寸数据、特定建筑部位的施工方法，其主要外形、部件之间的连接方法，设计上的经济性等。模数协调原则的制定，使得预制部品部件的大规模生产成为可能，降低成本的同时提高了效率。（3）推动形成"建筑通用体系"。法国于1977年成立构件建筑协会（ACC），作为推动"建筑通用体系"的调研和协调中心。1978年法国住房部提出推广"构造体系"（System Construction），作为向通用建筑体系过渡的一种手段。构造体系是以尺寸协调规则为基础，由施工企业或设计事务所提出主体结构体系；它由一系列能相互代换的定型部品部件组成，形成该体系的部品部件目录。建筑师可以采用其中的部品部件，像搭积木一样组成多样化的建筑（积木式体系）。法国住房部委托建筑科技中心（CSTB）组建由工程师、建筑师和经济师三方面人员组成的评审委员会，对构造体系进行审批。到1981年，全国已选出25种构造体系，其中有木结构、钢结构、钢筋混凝土预制体系。构造体系最突出的优点是建筑设计灵活多样。它作为一种设计工具，仅向建筑师提供一系列构配件及其组合规律，至于设计成什么样的建筑，建筑师有较大的自由。1982年后，法国政府调整了技术政策，推行部品部件生产与施工分离的原则，发展面向全行业的通用构配件的商品生产，并开发出"构造逻辑系统"的软件，可以设计出多样化的建筑，不仅能进行辅助设计，而且可快速提供工程造价。通过推行"建筑通用体系"，法国的装配式建筑得到了大发展（图1-17）。

图1-17　法国红线公寓

六、新加坡发展状况

新加坡发展装配式建筑的主要措施有以下方面：

（1）多种建筑体系尝试，探寻适合的发展形势。20世纪80年代初，同时对预制梁板、大型隔板预制、半预制现场现浇和预制浴室及楼梯、累积强力法和半预制等不同建筑体系进行尝试。

（2）以法规形式推行采用易建性评分体系。从2001年1月1日起，政府以法规的形式对所有新的建筑项目执行该规范，其目的是从设计着手，以减少建筑工地现场工人数量、提高施工效率，改进施工方式。

（3）采取奖励计划。建设局（BCA）鼓励施工企业进行改革创新，对于提高生产力所使用的工具采取奖励计划，可最高奖励企业20万新元。对一切先进的施工模式、施工材料等进行奖励，可获得每项高达10万元新币的奖励。

（4）建立相关规范标准。对于户型设计、模数设计、尺寸设计、标准接头设计等都作出了规定。

（5）严格的建筑材料管理和质量监管。批准并要求选用合格的建材生产商，对工程中所有材料进行定期检查。每个工程预制部品部件的第一批生产和吊装须有建屋发展局官员见证和指导。

（6）发展并鼓励BIM系统的使用。各大院校开展了BIM系统的专业课程，培养在校学生和在职人员的信息化、系统化管理的专业技能。

新加坡可借鉴的经验有：（1）在政府建设的公共组屋建设中推行建筑工业化。（2）实行项目后评价，持续改进适合国情的建筑工业化生产方式和建筑结构体系。（3）建立基于模数化的标准化产品体系和设计规范，以法规强制推行，提高劳动生产效率。（4）强化政府质量监督机构在质量监管中的责任。（5）集约节约用地，推行人性化规划设计，在满足功能的前提下力争实现住宅及配套设施完善化、集中化、立体化，因地制宜增加建筑物首层公共活动空间（图1-18）。

图1-18　新加坡"天空之城"

七、加拿大发展状况

加拿大的住宅工业化，以"健康住宅"理念为原则，发展相应的体系和技术，形成了以木结构、轻钢结构、混凝土板式结构、轻钢与混凝土复合结构为主要建筑体系和其相配套的工业化生产的墙板、布线、门窗、厨卫部件及技术体系，实现了标准化设计、工厂化生产、机械化施工、一体化管理的住宅现代化生产体系。

木结构住宅体系是加拿大低层住宅发展的主要建筑体系，其源于加拿大拥有丰富的木材资源、现代化生产工艺和其成熟的配套技术。多年来，加拿大政府在推动装配式建筑的发展中，设有住房产业化市场信息导向公司（CMHC），成为加拿大最大的住房企业，并帮助发展中国家进行住房建设。CMHC 开展的主要业务有四项：住房金融、科研和信息转让、兴建经济适用住房和国际贸易。CMHC 为产品生产企业和建造商提供科研和技术转让业务，主要进行直接科研和信息转让，也参与合作项目，进行市场分析。同时也建设社会福利性住房和开发可持续发展的示范房屋。国际贸易方面主要是进行市场信息搜集和分析，合作开发国际认可的建筑规范和部品认证体系。

轻钢结构住宅体系在加拿大住宅建设中有较大发展。轻钢结构体系中的结构由钢代木，是加拿大低层、多层住宅常用的结构形式，具有很大的市场。现用于旅馆等公共建筑可建 7 层，用于住宅 4 ~ 5 层。这种住宅体系工业化程度高，有利于实现工业化生产。

混凝土板式结构、轻钢与混凝土复合结构是加拿大高层住宅的主要建筑体系。混凝土板式结构综合利用各种模板技术及现浇筑混凝土板等工艺，实现机械化施工。轻钢与混凝土复合结构是将冷轧钢与现场灌注的混凝土粘合在一起或在工厂制成板，构成楼板、横梁、顶梁、立柱和墙壁等结构，是逐渐取代混凝土板式结构的新的结构形式（图 1-19）。

图 1-19　加拿大班芙体育休闲娱乐中心

八、部分国家发展模式总结

部分国家的发展模式总结见表 1-4。

部分国家的发展模式总结　　　　　　　　　　　　　　　　　　表 1-4

国家	发展特点
英国	英国住宅中的杆件在工厂加工制作，以单根杆件的形式运至现场，采用螺栓或自攻螺栓连接，该方式实现了一定程度上部品部件的工厂化生产，但现场安装工程量大，生产效率低。英国的钢结构住宅体系依据其工厂制作的程度不同分为多个等级，根据具体工程选择最经济的技术方案
瑞典	瑞典从 20 世纪 50 年代开始推行建筑工业化政策，其标准化生产的模式是以通用部件为基础的通用体系，其国内住宅的 80% 都采用了通用部件
丹麦	丹麦发展住宅通用体系化的方向是"产品目录设计"，它是世界上第一个将模数法制化的国家，大量居民住宅也采用多样化的装配式大板体系
意大利	意大利 BSAIS 工业化建筑体系是新意大利钢铁公司和热那亚大学合作研究设计的新型房屋建筑体系，该建筑体系造型新颖、结构受力合理、抗震性能好、施工速度快、居住办公舒适方便，采用 CAD 计算机辅助设计和 CAM 计算机辅助制造，在欧洲、非洲、中东等地区大量推广应用
澳大利亚	澳大利亚以冷弯薄壁轻钢结构建筑体系为主，发展于 20 世纪 60 年代，这种体系主要由博思格公司开发成功并制定相关企业标准。该体系以其环保和施工速度快、抗震性能好等显著优点被澳大利亚、美国、加拿大、日本等国广泛应用。以澳大利亚为例，其钢结构建筑建造量大约占全部新建住宅的 50%

九、国外装配式建筑发展趋势

发达国家和地区的装配式建筑有如下共同特点：一是注重标准化建设，即在完善的标准体系的基础上发展通用部件，实现产业化；二是政府通过产业政策扶持引导装配式建筑的各项技术创新活动；三是注重装配式建筑产品质量的提升。未来发展趋势可以总结如下：

1. 新型工业化的建筑结构体系的广泛应用

发达国家经过多年的发展，形成目前的以钢结构、木结构等为主的新型建筑结构体系，建筑体系的建立保证建筑更加安全、环保、节能。

2. 住宅部品的开发、生产和供应形成体系

住宅部品开发、生产和供应的标准化、系列化、通用化是保证住宅功能与质量的基本条件之一，也是实现装配式建筑的重要标志。丹麦和瑞典政府都明确指出：装配式建筑的发展方向是通用体系化。丹麦的通用体系化的方向是产品目录设计。生产厂商生产的具有呼唤性的产品构成了通用体系总产品目录，设计人员可以从中任意选用进行设计（图 1-20）。

3. 建筑材料和建筑节能发展迅速

许多工业发达国家建筑材料已发生了明显变化。这些国家新型建筑材料的比重一般占 60% ~ 90%。从传统材料已转向功能材料，单一材料转向复合材料，天然材料转向合成材料，增加了建筑材料的多样性和环保性。法国从 1973 ~ 1995 年房屋增加 20%，而采暖能耗却减少了 23.1%。这都依赖于节能设计和节能材料的运用。

4. 全装修的普及发展

全装修在施工方面，彻底摆脱一家一户、家装游击队的"作坊式"的施工方式，代之以专业的全装修工程承包商提供的规模化、集中化、装配化的住宅装修施工方式，装饰产品由专业生产商按工业化生产方式提供给工程承包商。在选材和施工方面尽可能采取工业化制造的部品设备和装修装饰材料，要求这些产品具备稳定性、耐久性、环保性和通用性。例如：挪威内外两色的喷塑铝合金断热窗，不仅保温隔热，而且可以翻转360°。全装修的普及发展推动着装配式建筑材料、部品的研制与创新，促进产业化的发展（图1-21）。

图1-20　混凝土部品部件

图1-21　模块化全装修

第三节　我国装配式建筑发展状况

一、发展现状

我国的装配式建筑始于20世纪50年代第一个五年计划时期。国务院在1956年5月作出的《关于加强和发展建筑工业的决定》中明确提出："为了从根本上改善我国的建筑工业，必须积极地有步骤地实行工厂化、机械化施工，逐步完成对建筑工业的技术改造，逐步完成向建筑工业化的过渡。"随后即迅速建立起建筑生产工厂化和机械化的初步基础，对完成当时的国家建设任务起了显著的作用。1978年国家基本建设委员会正式提出，发展建筑工业化要以建筑设计标准化、部品部件生产工业化、施工机械化以及墙体材料改革为重点。装配式建筑在70年代达到发展的繁荣时期。期间，我国在设计标准化、部品部件生产工厂化、施工机械化等方面做了许多努力，装配式建筑类型也日益增多。并在大型砌块装配式住宅、装配式大板、装配整体式框架结构、框架轻板、工业厂房等装配建筑方面取得了宝贵的经验，初步形成了符合我国情况的装配式建筑形式。

进入20世纪90年代，随着我国经济快速持续增长，城市人口不断增加，人们对住宅的需求量也越来越大，传统的建筑建造方式由于其本身速度慢、工期长、成本高、质量通病多等缺点，已经不能满足人们的需求。因此，我国的住宅建设到了一个重要转折点，既要求数量的增加和质量的保证，同时又要求资源的合理利用和保护，实现住宅建设多快好省的全面发展。1999年，国务院发布的《关于推进住宅产业现代化提高住宅质量的若干意见》明确了住宅产业现代化发展的目标、任务和措施，装配式建筑进入了一个新的发展阶段。

1. 装配式建筑稳步推进

以试点示范城市和项目为引导，部分地区呈现规模化发展态势。截至2013年底，全国装配式建筑累计开工1200万 m^2，2014年，当年开工约1800万 m^2，2015年，当年开工近4000万 m^2。截至2015年底，全国累计建设装配式建筑面积约8000万 m^2，再加上钢结构、木结构建筑，大约占新开工建筑面积的5%。

但总体上，我国建筑行业仍以传统现浇建造方式为主，沿袭着高消耗、高污染、低效率的"粗放"建造模式，存在着建造技术水平不高、劳动力供给不足、高素质建筑工人短缺等一系列问题。

2. 政策支撑体系逐步建立

党的十八大提出"走新型工业化道路"，《我国国民经济和社会发展"十二五"规划纲要》、《绿色建筑行动方案》都明确提出推进建筑业结构优化，转变发展方式，推动装配式建筑发展，国家领导人多次批示要研究以住宅为主的装配式建筑的政策和标准。2016年2月，中共中央、国务院发布《关于进一步加强城市规划建设管理工作的若干意见》，提出大力推广装配式建筑，"加大政策支持力度，力争用10年左右时间，使装配式建筑占新建建筑的比例达到30%"。这些政策从国家层面为装配式建筑发展奠定了良好基础。

同时，各级地方政府积极引导，因地制宜地探索装配式建筑发展政策。上海、重庆、北京、河北、浙江、沈阳等30多个省市出台了有关推进建筑（住宅）产业化或装配式建筑的指导意见，在全国产生了积极影响。一些城市在出台指导意见的同时，还出台配套行政措施，有力地促进了装配式建筑项目的落地实施。以试点示范城市为代表的地方政府打造市场环境，着力培育装配式建筑市场。一是提供充分的市场需求，通过政府投资工程，特别是保障房建设，同时对具备一定条件的开发项目制定强制执行措施，为装配式建筑市场提供较为充裕的项目来源；二是通过引导产业园区和相关企业发展，加强装配式建筑产品部品的生产供给能力。

各地的政策措施可主要概括为六个方面：（1）在土地出让环节明确装配式建筑面积的比例要求，如在年度土地供应计划中必须确保一定比例采用装配式建造方式建设。（2）多种财政补贴方式支持装配式建筑试点项目，包括科技创新专项资金扶持装配式建筑项目，优先返还墙改基金、散装水泥基金；对于引进大型装配式建筑专用设备的企业享受贷款贴息政策，利用节能专项资金支持装配式建筑示范项目；享受城市建设配套费减缓优惠等。（3）对装配式建筑项目建设和销售予以优惠鼓励，如将装配式建筑成本同步列入建设项目成本；在商品房预销售环节给予支持；对于装配式建筑方式建造的商品房项目给予面积奖励等。（4）通过税收金融政策予以扶持，如将构配件生产企业纳入高新技术产业，享受相关财税优惠政策；部分城市还提出对装配式建筑项目给予贷款扶持政策。（5）大力鼓励发展成品住宅。各地积极推进新建住宅一次装修到位或菜单式装修，开发企业对全装修住宅负责保修，并逐步建立装修质量保险保证机制。（6）以政府投资工程为主大力推进装配式建筑试点项目建设，很多地方政府都提出了鼓励保障性住房采用装配式建造技术和成品住宅的支持政策。

3. 技术支撑体系初步建立

经过多年研究和努力，随着科研投入的不断加大和试点项目的推广，各类技术体系逐步完善，相关标准规范陆续出台。国家标准《装配式混凝土结构技术规程》（JGJ 1-2014）于2014年正式执行；《装配整体式混凝土结构技术导则》于2015年发布；《工业化建筑评价标准》（GB/T 51129-2015）于2016年施行。各地方出台了多项地方标准和技术文件，为装配式建筑项目发展提供了技术支撑。

初步建立了装配式建筑结构体系、部品体系和技术保障体系，部分单项技术和产品的研发已经达到国际先进水平。如在建筑结构方面，预制装配式混凝土结构体系、钢结构住宅体系等都得到一定程度的开发和应用，装配式剪力墙、框架外挂板等结构体系施工技术日益成熟，设计、施工与太阳能一体化以及设计、施工与装修一体化项目的比例逐年提高。在关键技术方面，分别形成了套筒灌浆技术和约束浆锚搭接技术。屋面、外墙、门窗等一体化保温节能技术产品越来越丰富，节能与雨水收集技术、建筑垃圾循环利用、生活垃圾处理技术等得到了较多应用。这些装配式技术提高了住宅的质量、性能和品质，提升了整体节能减排效果，带动了工程建设科技水平全面提升。

4. 试点示范带动成效明显

各地以保障性住房为主的试点示范项目起到了先导带动作用，这得益于试点城市的先行先试。2006年建设部出台了《国家住宅产业化基地试行办法》，依此设立的国家住宅产业化基地的建设和实施引领了装配式建筑发展，为全面推进装配式建筑打下了良好的基础。

5. 行业内生动力持续增强

建筑业生产成本不断上升，劳动力与技工日渐短缺，从客观上促使越来越多的开发、施工企业投身装配式建筑工作，把其作为企业提高劳动生产率、降低成本的重要途径。企业参与的积极性、主动性和创造性不断提高，通过投入大量人力、物力开展装配式建筑技术研发，装配式建筑设计、部品和构配件生产运输、施工以及配套等能力不断提升。截至2014年底，全国PC部品部件生产线超过200条，产能超过2000万 m^2。建设行业走装配式建筑发展的内生动力日益增强，标准化设计，专业化、社会化大生产模式正在成为发展的主流。

6. 试点示范城市带动作用明显

以保障性住房为主的装配式建筑试点示范项目已经从少数城市、少数企业、少数项目向区域和城市规模化方向发展。其中，国家住宅产业化综合试点城市带动作用明显。2014年，国家住宅产业现代化试点城市的装配式混凝土结构建筑面积占全国总量的比例超过85%。

总体来看，与我国年新开工住宅10多亿的建设规模相比，装配式建筑项目的面积总量还比较小，装配式建筑发展任重道远（图1-22）。

7. 产业集聚效应日益显现

各地形成了一批以国家产业化基地为主的众多龙头企业，并带动整个建筑行业积极探索和转型发展，产业集聚效应日益显现。国家产业化基地大体可以分为四种类型：以房地产开

图 1-22　模块化公租房试点项目

发企业为龙头的产业联盟；以施工总承包企业为龙头的代建类型企业；以大型企业集团主导并集设计、开发、制造、施工、装修为一体的全产业链开发主体；以生产专业化产品为主的生产型企业。基地建设为推动全国装配式建筑发展发挥了先行先试、创新探索、引领示范等重要作用。据不完全统计，由基地企业为主完成的装式建筑面积已占到全国总量的 85% 以上，产业集聚度远高于一般传统方式的建筑市场。由技术创新和产业升级带来的经济效益逐步体现，装配式建筑实施主体带动作用越发突出。

二、发展重点

1. 建立健全行业各规范

对于运用新技术、新工艺、新材料，可能影响建设工程质量和安全，企业标准在通过省市住宅产业化专家委员会或者负责机构专项审查后，方可为监督依据。因此需要根据产业化住宅特点，制定专项监督方案。

目前，大部分地方已经开始预制装配混凝土结构规范的编写，北京、沈阳、深圳、上海等不少地方都纷纷出台了相关的技术、经济政策。

各类装配式混凝土部品也必须经市住宅产业化专家委员会认定，获市住房和城乡建设委颁发的准入证后方可进场使用。市质量技术监督部门配合建设质量监督部门对部品生产过程实施延伸监督。

住宅产业是一个系列化的产业链，涉及土地、规划、监理、施工、物业、金融等各个领域，而在这些领域中与住宅相关的不少法律，比如《土地管理法》、《城市房地产管理法》、《城市房屋拆迁管理条例》等已有不少内容不适应实际发展的需要，我们应对住宅产业发展的相关法律制度进行认真梳理，保持各个法律规范内容上的协调性、系统性、规范性和科学性，结构完善的住宅产业法律体系，做到装配式建筑实施起来有理可据，有法可依。

2. 加强政府宏观调控

充分发挥政府在市场经济中的行政行为，合理运用"看得见的手"，制定装配式建筑发展方向和策略，协调、服务和监督装配式建筑市场，加大宣传和推动装配式建筑的发展。

（1）装配式建筑优惠政策推陈出新

有效的经济手段是政府加强装配式建筑发展宏观调控的重要保障。抓紧出台扶持性、鼓励性政策，如税收减免、财政补贴等政策。如北京市发布了《关于推进本市住宅产业化的指导意见》，开发单位申请采用产业化建造方式，将在原规划的建筑面积基础上，奖励3%建筑面积。国内诸多城市也逐渐开始出台相关优惠政策，只有政府对装配式建筑的支持落实到税收减免、财政补贴、政府贴息等具体问题上，才能消除开发商的顾虑。对率先进行装配式建筑的企业优先扶持，给予房产企业和施工企业税收减免待遇，并促成开发商和符合住宅及节能发展方向的技术、材料、部品企业之间的合作，在装配式建筑的部品体系、建筑体系和技术支撑体系等方面的科技创新给予税收、金融方面的优惠支持。

（2）行政手段直接监管调控

在市场经济中，政府的管理属于间接管理，但是通过政府制定的法律、行政法规和政策可以实现引导、指导和推动装配式建筑发展的目的。我国装配式建筑的很多问题不是纯粹靠市场经济就能够解决的，还要有一个来自政策层面强有力的推进。不但要出台相关优惠政策，还要建立健全管理制度和政策，整体推进装配式建筑工作。对于一些不符合住宅质量发展，如不符合节能发展的材料、部品等，应收取额外的费用来限制其发展。对超出节能标准的建筑采取强制性、惩罚性政策，对无开发装配式建筑能力的房产企业降低开发资质、提高贷款利率、提高土地拍卖企业资格审查等。

3. 加强人才培训

目前，虽然从事建筑施工的工人很多，但是产业化住宅不再需要以往粗放式的建筑技工。如何实现这一目标，需要加大对于工人的技术培训。首先要从上层抓起，开发企业可以与高等科研机构携手，加大对装配式建筑科技和教育的投入，吸引优秀人才投身于住宅科技研究和教育事业，加大对装配式建筑方面人才的培训和教育力度，通过他们对基层施工人员的培训，提高住宅产业从业人员的整体素质和业务水平。

同时，通过对设计人员和新材料、新工艺研发人员的培养，采取"走出去"和"引进来"方式，向国外产业化先进国家学习，方可不断推出新思路、新设计、新材料、新部品、新工艺和新成果，提高装配式建筑的科技含量。

4. 推广全装修住房

用建筑装饰一体化取代零星的、松散的装修，避免二次装修给社会造成的资源浪费、环境污染和危害房屋安全。开辟科技含量高的全装修工业化住宅道路，可全面提高住宅装修的档次和水平。如2013年，沈阳市出台了《关于推动沈阳市现代建筑产业化工程建设的通知》，要求凡在沈阳市行政区二环内新开发的商品住宅开发项目，须实行全装修；其他区域商品住宅考虑采用全装修。全装修覆盖面的提高，有利于住宅建设走产业化道路，产业化的材料部品和建造方式与全装修的一次到位，二者相辅相成（图1-23）。

5. 构建全产业链体系

产业链是在一定的地理区域内，以某一个产业中具有竞争力的企业为链核，通过这些链核，以产品技术为联系，以资本为纽带，上下连接，向下延伸，前后联系形成链条。这样，一个企业的单体优势就转化为一个区域和产业的整体优势，从而形成这个区域和产业的核心竞争力。

图 1-23 工厂全装修

　　各地鼓励房地产企业和具备能力的部品企业合作进行装配式建筑试点，培养形成高效、节能、环保型装配式建筑集群。并以示范园和产业化基地为平台，以市场及产品开发为龙头，整合资源、集成配套，建立从技术研发、产品设计、材料开发、部品制造、装配施工、工艺装备、专业协作、信息共享，再到市场推广、售后服务，全过程的、紧密型的产业联盟，逐步扩大，形成全产业链的聚集效应。彼此相互依赖，共同处于一个利益共同体中，积极引进装配式建筑，带动整个产业链发展。

第二章

河北省装配式建筑产业发展现状研究

第一节　河北省装配式建筑总体发展

河北省近年来出台了多个推进装配式建筑发展的相关文件，包括《关于培育和建立国家住宅产业化基地的通知》《关于加快推进全省住宅产业化工作的指导意见》等。2015 年 3 月，河北省人民政府印发了《关于推进住宅产业现代化的指导意见》，从土地保障、财政和金融支持、优化发展环境、强化行业引导、保障运输等方面制定了激励政策，从相关企业、项目、技术研发等方面给予大力支持。2016 年初，河北省建筑产业现代化促进中心挂牌成立，全面吹响了河北省推动装配式建筑各项工作的号角。2017 年 1 月，河北省人民政府办公厅发布了《关于大力发展装配式建筑的实施意见》，进一步明确了河北省装配式建筑发展的工作目标和重点任务,力争用 10 年左右的时间,使全省装配式建筑占新建建筑面积的比例达到 30% 以上。河北省站在京津冀协同发展的高度，确定张家口、石家庄、唐山、保定、邯郸、沧州市和环京津县（市、区）率先发展，其他市、县加快发展。

河北省于 2015 年初，确定了石家庄、保定、唐山、秦皇岛、邯郸这 5 个住宅产业现代化综合试点城市和石家庄平山县、张家口张北县、秦皇岛抚宁区、唐山丰润区、保定易县、邯郸涉县这 6 个农村装配式低层住宅建设试点县。试点城市与试点县形成立体网络支持。在产业基础培育和基地企业引导方向上，目前，全省有 5 个国家住宅产业化基地和 16 个省基地，涵盖预制部品、部件，建筑部品，新型墙材，装备制造等多个领域。全省装配式混凝土部品、部件年设计产能 60 万 m^2，钢构件年设计产能 178 万 t，木构件年设计产能 1 万 m^2，具备了加快装配式建筑发展的产业基础。截至 2016 年底，全省在建装配式建筑项目 490 万 m^2；落实农村装配式低层住宅 420 套，其中竣工 135 套，在建 90 套。

河北省内一些大型建筑企业在装配式混凝土结构体系和连接技术研发方面做了大量工作，已从技术模型转向实际应用。一些企业积极研发农村装配式低层住宅。还有一些企业在新型墙材、整体厨卫技术研发上不断取得突破。《装配整体式混凝土剪力墙结构设计规程》《装配式混凝土剪力墙结构建筑与设备技术规程》、《装配式混凝土构件制作与验收标准》、《装配式混凝土剪力墙结构施工及质量验收规程》、《装配整体式混合框架结构技术规程》这 5 部装配式混凝土建筑地方标准、《装配式混凝土剪力墙结构住宅表示方法及示例》等 7 项装配式混凝土建筑标准设计图集和《河北省装配式混凝土结构工程定额（试行）》、《河北省装配式混凝土结构工程工程量清单（试行）》的颁布实施，为产业化项目的建设提供技术保障。

为促进京津冀地区装配式建筑协同发展，谋划京津冀地区预制部品部件管理模式，探讨京津冀地区预制部品部件布局原则。2017 年 5 月 23 日，京津冀三地的装配式建筑主管部门在北京召开了"京津冀地区预制构件管理研讨会"。会议一致同意由河北省建筑产业现代化促进中心提出的从"统一标准、优势互补、差异发展、供需平衡、协同推进"五个方面推动京津冀地区装配式建筑协同发展的建议（图 2-1）。

图 2-1　京津冀地区预制构件管理研讨会

此外，全省组建了由 142 个专家组成的专家委员会和 58 家企业参加的技术创新联盟。通过搭建"产学研用"平台，建立研发中心、检测检验中心、技术推广中心，可持续发展能力持续增强。并且 2014 年河北省住房和城乡建设厅出台了国家住宅产业化基地企业直接申报混凝土预制构件专业企业二级资质（最高级）的优惠政策。总体来看，河北省装配式建筑的产业链条比较全面，已经具备了快速发展的基础和条件。

第二节　河北省装配式建筑试点情况

根据河北省发布的一系列的政策，各市也积极推动装配式建筑的发展，建立了产业化基地，积极推广装配式建筑项目，如图 2-2 所示。

一、石家庄市

石家庄市是住房和城乡建设部 2016 年 11 月份确定的全国装配式建筑重点推进地区 14 个城市之一，也是河北省住房和城乡建设厅 2015 年 3 月确定的全省 5 个住宅产业现代化综合试点城市之一。按照国家和省关于推进装配式建筑的有关要求，高度重视、积极谋划、扎实稳妥推进装配式建筑工作。一是健全组织机构。市政府成立了建筑产业化工作领导小组，主管副市长任组长，市直相关部门参加，领导小组办公室设在市住建局。为确保这项工作落到实处，2015年8月份，在市住建局设立了住宅产业化处，专门负责装配式建筑推进工作。2016年7月份，在市住建局直属单位市建筑节能与墙材革新管理中心加挂了"石家庄市建筑产业化促进中心"牌子，具体负责全市装配式建筑日常管理工作，确保产业化工作正常有序推进。二是研究出台政策。2016年，以市政府文件先后出台了《关于加快推进我市建筑产业化的实施意见》《关于加快推进钢结构建筑发展的意见》，在土地、财税、贷款、容积率、商品房预售许可证、墙改基金、道路运输等方面给予了较大的激励优惠政策。2017年，为便于监管和落实市政府相关优惠政策规定，切实做好装配式建筑推进工作，规范装配式建筑装配率的认定，研究制定出台了《石家庄市装配式建筑装配率计算办法（试行）》，以市住建局文件正式印发。

图 2-2　河北省装配式建筑试点城市布局

三是大力培育基地。目前，石家庄市共有 5 个装配式建筑基地，其中国家级基地 2 个（卓达集团、河北新大地机电制造有限公司）、省级基地 3 个（石家庄晶达建筑体系有限公司、河北建筑设计研究院有限责任公司、河北安能绿色建筑科技有限公司），已经初步形成了产品研发，设备制造，部品、部件生产一条龙的装配式建筑链条。安能公司已经建成一条装配式混凝土部品、部件生产线，可生产预制柱、预制梁、预制墙板、隔墙板、叠合板、预制楼梯、预制阳台等，年生产能力 4.5 万 m²。河北曲寨装配式建筑材料有限公司正在鹿泉建设我市第二条生产线，两条生产线年生产能力将达到 9 万 m²，为我市装配式建筑具体实施提供有力保障。

二、唐山市

唐山市装配式建筑工作起步较早，取得了积极进展。一是强化组织领导。市委、市政府高度重视装配式建筑发展，成立了由主管市长为组长，相关市直部门负责同志为成员的领导小组。二是完善政策体系。2016 年 6 月，市政府颁发了《关于加快推进住宅产业现代化发展的实施意见》（唐政发 [2016]13 号）。三是推进示范工程建设。推广装配式混凝土住宅，建成了丰润区涧阳新城 9 号楼装配式住宅，为装配式混凝土住宅发展提供了范例。2017 年二十二冶集团建设的涧阳新城二区装配式建筑项目，建筑面积 11 万 m²，均采用装配式混凝土结构。实施农村低层钢结构住宅示范，唐山冀东发展集成房屋有限公司 2016 年、2017 年在丰润区西杨家营村建设 40 套农村低层钢结构住宅。开展高层钢结构住宅实验研究，二十二冶集团开工建设的涧阳新城 4 号楼采用装配式钢结构形式建设，预制装配率达到 90%。开展木结构住宅建设。迁安大树木业公司在曹妃甸菩提岛建成了 2000 多 m²，共 88 套木结构示范房。

四是创建住宅产业化基地。率先在全省建成了两个国家住宅产业化基地，中国二十二冶集团装配式混凝土基地和唐山惠达整体卫浴基地，同时建成了四个省级住宅产业现代化基地：唐山德生防水、海螺型材、大树木业公司、冀东发展集成房屋有限公司。获批的 6 个省住宅产业化基地，较好地发挥了产业基地的辐射带动作用。

三、秦皇岛市

秦皇岛市坚持市场主导、政府推动；分区推进、逐步推广；顶层设计、协调发展，大力推进装配式建筑的发展。一是深入开展调研，做好顶层设计。市城乡建设局多次组织县区建设行政主管部门和相关设计、开发、生产企业赴长沙、杭州、合肥、济南、绍兴等地市进行学习调研。结合实际，编制了建筑产业现代化发展规划，纳入《秦皇岛市绿色建筑和建筑节能"十三五"规划》中，明确了近期和中长期发展目标、主要任务、保障措施和激励政策。2017 年 5 月，秦皇岛市政府办公厅印发了《关于大力推进建筑产业现代化发展的实施意见》，提出了到 2025 年，全市装配式建筑占新建建筑面积比例达到 60% 以上的工作目标。二是坚持示范引领，落实目标责任。秦皇岛市首个装配式混凝土建筑天池路青年周转公寓项目进展顺利，建筑面积 9.2 万 m^2，标准层装配率达到 69%。总建筑面积 46 万 m^2 的刘马坊、孤家子棚改项目已按照 PC 装配式建造方式完成设计，并开始基础施工。采用钢结构方式建造的北戴河新区渔岛娱乐中心等 5 个项目（总建筑面积 27 万 m^2）已陆续开工建设。在抓示范项目的同时，秦皇岛市每年印发《秦皇岛市建筑节能和绿色建筑发展意见》，对当年各项目标任务进行分解，与各县区签订了目标责任状，并对目标责任状落实情况进行督导。三是积极培育市场实施主体，加大宣传培训力度。秦皇岛市要求各县（区）、经济技术开发区、北戴河新区要扶持或引进一批符合建筑产业现代化要求的设计、部品生产、建造施工和装备制造企业，有条件的要规划建设建筑产业现代化园区。重点支持集设计、生产、施工于一体的国家级和省级建筑产业现代化基地建设。多次组织全市设计、开发、建设、施工等单位相关技术人员培训，培育一批熟练掌握相关核心技术的设计、施工企业，和一批高素质的设计、施工专业人才。大力开展宣传活动，印制了《建筑产业现代化 100 问》等宣传手册，通过报纸、电视、电台与网络等媒体，大力宣传建筑产业现代化的重要意义，不断提高建筑产业现代化在社会中的认知度、认同度。

四、保定市

保定市大力推进装配式建筑的发展，提高建筑技术水平和工程质量，促进传统建造业转型升级，在装配式建筑政策制定、企业培育、项目推动方面做了大量工作，取得了积极进展。一是政策出台及领导组织机构建设。保定市高度重视住宅产业现代化开展工作，市政府成立了以主管副市长为组长的推动建筑产业现代化工作领导小组，具体工作由市住建局墙改办负责，并组建了由管理部门、设计审图、高等院校等专家组成的"保定市建筑产业现代化专家委员会"，协助政府主管部门制定我市建筑产业现代化相关政策和技术标准，确保工作顺利开展。2015 年保定市在全省率先出台了《关于加快推进保定市住宅产业现代化发展的实施意见》（保政发 [2015]22 号）。起草了《关于进一步推进保定市装配式建筑发展的通知》，提出了要在每年建设用地供地面积中，落实一定比例面积的装配式建筑，并逐年提高落实比例，制定了切实可行的激励政策。委托省建筑研究院编制《保定市装配式建筑"十三五"发展规划》编制工作。明确十三五期间装配式建筑发展方向、目标和任务，做好产业布局。二是企业培育和项目建设。保定市相继建成了近百万平方米的装配式建筑，其中白沟和道国际商城建筑面积 52 万 m² 建成并投入使用。引进了北京住总、杭萧钢构等国内装配式建筑龙头企业，建成了河北建设集团绿色产业园区、河北合创建筑产业化基地、保定博鑫建筑产业化基地和河北钢山杭萧钢构住宅产业化基地 4 家省级住宅产业现代化基地，逐步形成了装配式建筑配套新型墙体材料生产应用体系。颁布实施了《壁式框架剪力墙结构技术规程》、《复合墙结构技术规程》和《混凝土复合保温砌块墙体结构技术规程》等一系列地方标准、图集、施工工法，有力地推动和保障了全市装配式建筑的发展。三是农村装配式住房建设情况。目前，保定市已建成农村节能住宅 54 户，共计建筑面积 15764m²。阜平县、易县作为装配式建筑试点县大力开展农村装配式住房建设，目前正在进行项目筛选工作。四是积极开展宣传培训。多措并举，利用报纸、电视、户外广告和微信公众号等媒体形式，开展装配式建筑的政策、技术方面的宣传活动，并在《保定日报》开设专版，对装配式建筑相关政策和产业发展进行宣传。2016 年 10 月 27 日由保定市日报社、保定市住建局联合举办的"2016 京津冀装配式建筑发展交流峰会"在保定召开。住房和城乡建设部、河北省住房和城乡建设厅、中国建筑设计研究院等相关领域专家围绕装配式建筑现状与发展趋势行业热点话题进行了主题演讲。活动取得了非常好的社会效果，是对保定市装配式建筑的一次总结和有力提升，也是对全省乃至京津冀装配式建筑发展的一次促进。

五、邯郸市

邯郸市装配式建筑起步较早，从 2013 年开始装配式建筑部品部件生产基地建设，培育示范项目。目前，邯郸市已建成远建工住、曙光科技、杭萧钢构、金环钢构、晶通住宅、卓达新材、亚太设计院等装配式建筑开发、施工、生产、设计基地企业。具有 2 个国家住宅产业化基地和 1 个省级基地。

邯郸市装配式混凝土部品、部件年产能达到 20 万 m²；钢构件年加工能力达到 20 万 t；新型墙体材料年生产能力 1200 万 m²，与此同时，积极培育装配式示范项目，目前，已完成装配式项目建筑面积 30.76 万 m²，在建民乐苑保障性住房装配式项目和环球中心钢结构项目共计 16.1 万 m²。同时，魏县在扶贫搬迁项目中也采用了装配式建筑一期 300 多套，二期约 2000 套。以上项目的建设为下一步装配式建筑的推广奠定了基础，积累了宝贵经验。

组织较大的开发、施工、设计、监理等企业 200 多家、参观群众 1000 余人，举办了大型推介会，通过推介宣传建筑产业现代化相关政策和知识，宣传产品优势和市场前景，通过推介会和现场样板房参观等形式，使目标客户对建筑产业现代化企业产品有了直观的认识。组织涉县新型建材下乡活动时，专门编印了"邯郸市农房新型建材下乡宣传册"4000 余册，发放给各县受灾农户，便于农户选择产品联系企业。

为加快装配式建筑发展，出台了《邯郸市人民政府关于大力发展装配式的实施办法》，文件共分 4 部分 23 条，主要从总体目标、重点任务及发展规划、政策支持、保障措施等方面提出了相应的目标要求和市场优惠政策。为邯郸市下步推广发展作出有力支撑。同时，市政府成立由主管副市长任组长，市建设局局长任副组长，市直 19 个相关部门主管领导为成员的邯郸市推广装配式建筑领导小组，统筹规划、组织协调、整体推进全市装配式建筑发展。

第三节　河北省装配式建筑发展评估

一、发展基础与优势

京津冀协同发展带来新的历史机遇。《国务院办公厅关于大力发展装配式建筑的指导意见》明确以京津冀、长三角、珠三角三大城市群为重点推进地区，因地制宜发展装配式混凝土结构、钢结构和现代木结构等装配式建筑。随着《京津冀协同发展规划纲要》的深化实施，我省与北京市、天津市在政策协同、科技创新、人才共享等方面的协同机制将逐步成熟。我省装配式建筑发展可借助北京、天津的科技和人才资源实现关键技术和创新模式的突破，形成新的经济增长极。

政策引导力度空前。《河北省人民政府办公厅关于大力发展装配式建筑的实施意见》，明确了我省装配式建筑发展的目标任务、重点工作、支持政策和保障措施，为装配式建筑发展提供了良好的政策和市场环境。

绿色发展理念推动装配式建筑发展。装配式建筑具有降低施工扬尘、减少环境污染和实现绿色建造、低碳发展的特点。面对京津冀地区日益提高的环保要求，装配式建筑更加适合我省节能减排和绿色崛起的新型城镇化发展要求。

装配式建筑促进钢铁产业结构调整。钢结构建筑具有抗震性能好、工业化程度高、对建筑形体和空间适应性强的优势。大力发展钢结构建筑，有利于提升建筑品质，促进钢铁产业化解过剩产能和转型升级。

装配式建筑发展前景广阔。到 2020 年我省城镇化率将达到 60% 左右，随着我省经济社会发展、新型城镇和美丽乡村建设等深入推进，以及京津冀协同发展和非首都功能的产业和人口转移等机遇，我省装配式建筑将有极大的市场需求。

二、发展问题与不足

1. 政策层面

规划缺位：全省层面产业布局不均，地区发展不均衡。

2. 行业层面

标准缺位：技术标准体系有待完善，缺乏完整健全的产业化建筑标准规范体系。

创新缺位：科技水平总体不高，企业创新体系还不健全。

人才缺位：专业化人才队伍严重缺乏。

3. 市场层面

需求缺位：市场发育还不健全，市场有效需求不高。

效益缺位：产业链集成度偏低，缺乏有效整合，综合效益不高。

示范缺位：尚未树立龙头企业，产业化发展缺乏示范引领作用。

宣传缺位：宣传力度不足，市场认知度不高。

金融缺位：尚未开发金融模式的多样性，支持力度欠缺。

第三章

河北省装配式建筑发展政策研究

第一节　国外装配式建筑优秀政策借鉴

一、建立完善相关法律和制度

国外大多注重装配式建筑顶层设计，从法律和制度的层面来体现对于发展装配式建筑的支持和引导。以日本为例，在立法上，日本通过财政（如住宅生产工业化促进补贴制度、住宅保证基金、住房保险制度）、税收（如减免个人所得税、减免企业相关税金、购置住宅减税措施）、技术规范（如《优良部品制度》《住宅性能指标》《工业化住宅性能认定规程》及《工业化住宅性能认定技术基准》）等给予支持和推广。

二、产业发展预测支撑政府决策

装配式建筑的发展预测是各国制定住宅发展规划和计划的依据，也是政府引导有关行业和企业发展的重要手段。美、日等发达国家装配式建筑的预测工作大致包括以下3个方面：（1）住宅现状调查评价与住宅需求预测；（2）住宅建设经济能力的评价和预测；（3）住宅建设技术途径的评价与预测。

以日本为例，日本基本上是每隔五年进行一次（在每个五年计划期开始的前两年），而且特别重视"居住实态调查"和搜集居民对住宅需求的意见。另一方面，在全国住宅预测的基础上，充分发挥各专业学术机构的作用，同时开展与住宅发展相关的技术和经济预测研究，并及时向企业发布研究成果与相关信息，为装配式建筑的有序发展提供技术支持和市场导向。

三、部品部件的模数协调标准国际化

欧洲许多国家已充分认识到模数协调标准对装配式建筑的重要意义。目前，国际标准化组织（ISO）已颁布了《住宅部品模数协调》的系列标准，各国住宅部品的模数协调标准也正在逐步向国际标准靠拢。在住宅标准设计方面，当前存在着两种趋势：一种是许多国家（法国、日本、瑞典、芬兰等）都努力实现以标准化构配件组成建筑物的方法，即通用体系原则；另一个趋势是缩小定型单位，使标准化和多样化更好地统一起来（图3-1）。

四、建立部品部件认证和保险制度

开展住宅部品的认证是推进住宅部品体系发展的有效措施。发达国家住宅部品的认定工作，是依据住宅部品标准由专门的工作机构进行。认证机构一般要求是非盈利性第三方认证

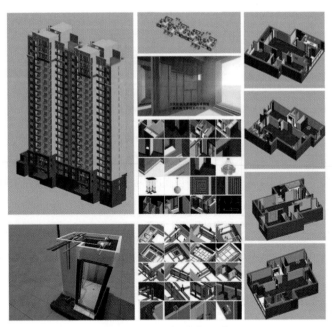

图 3-1　BIM 标准化设计

机构。通过认证的部品必须贴以专用标签。而通过认证的住宅部品实行保险制度可保证住宅的质量和功能。一旦部品出现质量问题，用户可向厂方或保险公司索赔。

　　以日本为例，到 1990 年 4 月，日本住宅部品生产厂有 700 家左右，其中 663 家厂家的部品取得了（BL）认定。目前日本已进行了 58 类住宅部品的认证，基本上住宅中的各部位都有通用部品，对无特殊要求的住宅，只要将通用部品组合在一起便可像搭积木似的建造房屋。在推进住宅部品化的初期阶段，许多国家对通过认证的住宅部品都采取了一些积极扶持的产业政策，如作为参与国家投资建设住宅工程投标的基本条件、给予项目和生产企业优先贷款等（图 3-2）。

图 3-2　日本装配式项目

再比如，目前在瑞典的住宅建造中，采用有保险护航的通用部品住宅占 80% 以上。丹麦把对实行保险的通用部品部件称为"目录部件"。每个厂家都将自己生产的产品汇集成"通用体系部品总目录"，实现设计人员任意选用总目录中的部品进行住宅设计。

五、建立住宅质量保证制度

为确保住宅建造的质量，一些国家建立了住宅质量保证制度。日本的做法较为典型。通过颁布各类住宅质量保护法律，为住宅质量提供有力法律保障。1977 年日本建设省提出实行住宅性能保证制度，作为确保住宅质量的一项重大措施，并于 1980 年在北海道进行试点，试点取得了良好的效果。1982 年日本政府组建了"住宅性能保证登记机构"逐步在全国范围内实施。自 1999 年以来，日本政府颁发了《住宅质量确保促进法》，为保证住宅质量提供了有力的法律保障。该法律制定的着眼点是确保住宅的质量和消费者利益，要求住宅建造者提供高质量的住宅，使消费者能够安心地获得高质量的住宅，维护良好的市场供求关系。该法案也为在日本推行"住宅性能保证制度"和"住宅性能表示制度"创造了良好的技术条件。

六、财政金融政策引导产业发展

许多国家通过一系列的财政金融制度引导企业，使其经济活动与政府制定的计划目标相一致，使既定的装配式建筑技术政策得以实施发展。

如瑞典只要使用按照瑞典国家标准和建筑标准协会的建筑标准制造的建筑材料和部品来建造住宅，该住宅的建造就能获得政府的贷款。在日本，政府为了推动住宅产业的发展，通产省和建设省都采取了一系列的财政金融政策。为了促进住宅部品的发展，通产省自 1974 年就开始实行《住宅体系生产技术开发补助金制度》，对经同意进行的开发项目，向开发研究的企业提供 50% 的研究经费补助。

而美国是制定针对不同收入群体的住房政策：对高收入者由市场供应商品房，同时以税收刺激、促进投资建房；对中等收入者给予贷款担保和贴息优惠政策，并调控住宅的建设标准和售价；对低收入者则提供标准较低的廉租屋或公共住房。同时，美国为了重点发展轻钢结构住宅，政策上对钢结构住宅给予科研投入、技术指导、扶持发展的政策；财政上，住宅借贷金融系统推出，开发商可以通过它获得低息贷款，兴建更多的钢结构住宅，中低收入者可通过长期抵押贷款和贷款担保解决住房问题，对钢结构住宅实行税收免税减税的优惠措施。

七、科研院所发挥重要作用

欧美日等发达国家的建筑科研院所在推动装配式建筑与帮助企业技术进步方面发挥着重要作用。例如，美国住宅建造商协会研究中心（NAHB Research Center），主要负责对美国住宅建筑商协会各成员企业的创新产品进行技术审查和认定，并帮助其完善、推广。研究院经费的 60% 来自企业间合作，40% 由联邦政府拨付。

而日本采取装配式建筑科研"五年规划"模式，明确每个周期若干个装配式建筑科技攻关项目，支持企业高新技术研发的财政拨款，注重将住宅的标准化和模数化结合，并建立产业化建筑产品评价体系，对每个已经完工的项目进行后评估，采用分级认证的方法，评选优秀项目，并对其给予奖励。

第二节　国内装配式建筑政策研究

国家为了推动装配式建筑发展，发布了一系列政策。其中，1999年，国务院转发了《关于推进装配式建筑提高住宅质量的若干意见的通知》(国办发[1999]72号)，同年还发布了《商品住宅性能认定管理办法》《住宅性能评价方法与指标体系》；1999年12月，国家建设部发布了《关于在住宅建设中淘汰落后产品的通知》；2005年11月，国家建设部发布了《民用住宅节能管理规定》；2012年，国家住房和城乡建设部发布了《关于加快推动我国绿色建筑发展的实施意见》；2014年7月，国家住房和城乡建设部发布了《住房城乡建设部关于推进建筑业发展和改革的若干意见》。

全国共有12个省、自治区和18个地级以上城市制定了68个指导文件，从土地、规划、财政、税收、金融、房产销售等多个角度提出了切实措施，有力地引导和推动了装配式建筑的发展。其中沈阳、济南、上海、北京、深圳、江苏、福建、湖南等省市相继出台关于推进装配式建筑工作的指导意见和实施措施。

一、组织机构建设

装配式建筑的发展需要政府的引导，政府推进装配式建筑发展的举措首先体现在组织机构建设上，通过建立健全组织机构发挥出政府的领导作用。目前，安徽省、江苏省、湖南省、北京市、上海市、深圳市、沈阳市、济南市等多个省份和城市都成立了专门的装配式建筑管理机构（表3-1）。

部分省市成立的住宅产业化管理组织机构　　　　　　　　　　　　表3-1

地区	组织机构
安徽省	安徽省住宅产业化促进中心
江苏省	江苏省推进装配式建筑工作联席会议制度
湖南省	湖南省住宅产业化联席会议制度
沈阳市	推进现代建筑产业化发展工作领导小组
上海市	上海市新建住宅节能省地和住宅产业化发展联席会议
深圳市	深圳市住宅产业化联席会议
北京市	北京市住宅产业化联席会议制度
济南市	济南市住宅产业化领导小组办公室

二、出台推动政策

为了促进装配式建筑的发展，各地政府出台了相关政策文件，这些政策文件按照其内容和作用可以分为两大类：

第一类是指导意见等纲领性文件。近几年来，河北、安徽、浙江、吉林以及沈阳、深圳等省市先后出台了行政区域内的住宅产业化发展指导意见等政策文件，这些指导性文件的出台，明确了装配式建筑作为住宅产业化发展方向这一根本性问题，提出了具体的发展目标及相应的保障措施，确立了当地的装配式建筑发展路径（表3-2）。

部分地区出台的装配式建筑文件　　　　　　　　　　　　　　　　　表 3-2

城市	出台文件
沈阳市	（1）《关于做好商品房促销工作的通知》； （2）推出"互联网＋现代建筑"战略； （3）《沈阳市加快推进现代建筑产业发展若干政策措施》； （4）《沈阳市重点工业优质产品支持办法》； （5）《沈阳市关于全面推进建筑产业化发展的实施意见》
济南市	（1）《济南市关于推动建筑产业化相关产业链企业转型升级的指导意见》； （2）《济南市加快推进建筑（住宅）产业化发展的若干政策措施》
上海市	（1）《关于加快推进本市住宅产业化的若干意见》； （2）《上海市进一步推进装配式建筑发展若干意见的通知》； （3）《关于推进本市新建住宅节能省地发展的指导意见》； （4）《上海市推进 BIM 技术应用指导意见》
北京市	（1）《关于产业化住宅项目实施面积奖励等优惠措施的暂行办法》； （2）《关于确认保障性住房实施住宅产业化增量成本的通知》
重庆市	（1）《关于加快推进我市建筑产业化的指导意见》； （2）《装配式建筑综合试点区县和示范基地管理办法》
安徽省	（1）《安徽省人民政府关于促进建筑产业转型升级加快发展的指导意见》； （2）《安徽省人民政府办公厅关于加快推进装配式建筑的指导意见》

第二类是具体的扶持性政策文件。在制定纲领性政策的基础上，一些地区进一步通过制定金融、财政及税收方面的优惠扶持政策进行引导，直接调动市场各方参与的积极性，促进工程建设中采用装配式建筑模式建设，为装配式建筑的全面推广奠定基础。各地制定的扶持政策主要有给予容积率奖励、直接给予补贴、给予招投标政策以及规费计取优惠、设置土地出让条件等类型（表3-3）。

三、产业集群政策

目前，济南、沈阳、合肥、长沙等多个城市都开展了住宅产业园区建设，其中沈阳市的产业园区建设最为突出。沈阳市目前已初步形成了布局合理、协调发展的产业格局，在此基础上，还将逐步形成以沈阳为核心、辐射周边沈阳经济区各城市的现代建筑产业发展格局，成为新的经济增长极（表3-4、表3-5）。

部分地区出台的装配式建筑政策核心内容　　　　　　　　　　　　表 3-3

类型	内容解读
容积率奖励	北京市、沈阳市：给予不超过总面积 3% 的奖励
财政补贴	上海市：建筑面积 2.5 万 m² 以上且预制装配率 15% 及以上的整体装配式住宅示范项目，每平方米补贴 60 元，其中，整体装配式住宅示范项目预制装配率达到 25% 及以上的，每平方米补贴 100 元
招投标、规费计取等优惠	沈阳市：工程招投标时，采用装配式建筑技术的投标单位同等条件下优先中标、社保费的计取按工程总造价扣除工厂生产的预制部品部件成本作为计费基数；安全措施费首次缴纳 1%，其余部分根据工程投资进度和工期安排适当缓缴；质量保证金按土建工程施工成本为基数计取；优先返还墙改基金及散装水泥基金等
设置土地出让条件政策	深圳市：从 2015 年起，新出让住宅用地项目和政府投资建设的保障性住房项目全部采用产业化方式建造。 上海市：2016 年外环线以内符合条件的新建民用建筑原则上全部采用装配式建筑
人才培育制度	深圳市：发放建筑工业化职称证书和技术上岗证，促进校企合作，加强继续教育培养专业人才
房屋质量问责机制与部品保险制度	深圳市：建立普通人民群众参与的质量问责机制与保险制度。建筑工程项目所有机构向保险公司进行投保
税收与金融扶持	深圳市：建设项目经认定为建筑工业化项目后，项目设计、部品生产、装配施工企业可享受企业所得税优惠；对于购买认定为建筑工业化的商品房且属于第一套住房的家庭，可享受契税优惠支持。对购买认定为建筑工业化项目的消费者，优先给予信贷支持，并在贷款额度、贷款期限及贷款利率等方面予以倾斜

沈阳市建筑产业园区建设内容　　　　　　　　　　　　表 3-4

类型	名称	简介
核心	铁西现代建筑产业园	重点发展现代建筑工程机械与建材装备制造业、现代建筑用机电产业、现代建筑金属结构制品业、现代建筑产业配套服务
补充	浑南万融现代建筑产业园	浑南现代建筑产业园引进的全自动混凝土预制部品部件生产线生产能力及技术水平在国内领先，大幅度地降低装配式建筑部品部件的生产成本
	沈北亚泰现代建筑产业园	沈北亚泰产业园以混凝土制品、建筑五金为主要发展方向
	法库陶瓷工业园	大力发展建筑陶瓷、卫生洁具、先进陶瓷材料。利用陶瓷废料、泥浆、粉煤灰、煤矸石、木材等资源，开发新型墙体材料

济南市建筑产业现代会示范园区建设内容　　　　　　　　　　　　表 3-5

三大园区	产业定位	用地规模
长清园区	以建筑材料、建筑预制部品部件、建筑整体装配、装修装饰材料为主	22650 亩
章丘园区	以建筑运输、吊装设备、建筑钢结构、建筑预制部品部件为主	26000 亩
济阳园区	以建筑机械制造、建筑电子元器件、建筑五金及零部件加工为主	5000 亩

第三节　河北省推进装配式建筑政策方向

一、健全装配式建筑领导和组织体系

参考国内装配式建筑工作推进比较快的省市的先进经验，组织保障是推动装配式建筑发展的重要基础。2014年，河北省住房和城乡建设厅成立住宅产业化工作领导小组，2015年河北省建立分管副省长为召集人的河北省建筑产业现代化发展联席会议制度，2016年初，河北省建筑产业现代化促进中心挂牌成立，从省里的层面推进装配式建筑的领导和组织体系正在建立和完备。同时，搭建全省层面的产业联盟、技术创新联盟、设计保障联盟、专家委员会等相关商会和平台组织，全面促进行业的发展。

二、合理划定装配式建筑实施政策分区

（1）全省11个地级市和有条件的试点县结合自身特点，应在中心城区内划定装配式建筑"强制实施区"和"鼓励实施区"；不同分区应制定差异化的政策体系，以确保装配式建筑在实施过程中能够因地制宜、统筹安排。装配式建筑政策分区可综合参考城区级差地价、老城区更新范围、城市环线等因素划定。

（2）对非强制使用装配式建筑方式建设的用地使用装配式技术建设的，给予一定比例的建筑面积或容积率奖励。

（3）对于主动采用装配式技术建设的开发单位，在办理规划审批时，其外墙预制部分建筑面积可不计入成交地块的容积率计算。

（4）对预制装配率达到额定限值以上的建筑工程项目，可以减免一定比例的城市建设配套费。

（5）对于采用装配式技术建设的住宅，鼓励使用套内面积代替建筑面积作为销售核算的基础，以此增加装配式住宅的市场关注度。

三、将促进装配式建筑发展的相关指标纳入法定规划体系

装配式建筑各项发展目标必须要与城市各层面法定规划紧密结合起来才能有效实现。控制性详细规划作为作出规划行政许可、实施规划管理、指导修建性详细规划编制的法律依据，应充分发挥其在用地建设之前提供建造控制要求的作用。为此，将"建筑装配率"纳入控制指标体系，并作为土地招拍挂的基本规划条件。目前河北省所采用的以控制单元为基本控规编制单位的规划方法，有利于装配式建筑指标以刚性和弹性相结合的方式在规划成果中落实。

四、在建设用地年度供应计划中明确装配式建筑规模要求

明确由政府投资的公共管理与公共服务设施用地（A类）采用装配式技术的用地比例或

用地规模，学校、卫生院、养老院等建设量大的项目优先采用装配式建筑方式建设。明确政府保障性住房（包括廉租房、公租房、经济适用房、限价商品房和棚户区改造）用地采取装配式技术的用地比例或建筑面积比例；对于商品住房用地，在年度供应计划中应确定采用装配式建设的土地指标，可采用确定用地面积规模（比例）或明确具体地块的方式。

五、将农村装配式建筑与美丽乡村建设和贫困人口搬迁安置政策有效结合

结合美丽乡村建设中的民居节能改造、旧村改造、公共服务提升工程，在有条件的地区大力推行农村装配式建筑试点，通过装配式建筑示范村镇的建设实现"一村一景、舒适宜居"。根据省委、省政府出台《关于坚决打赢脱贫攻坚战的决定》，至 2020 年全省将有 42 万农村贫困人口要实现易地搬迁安置，应将贫困人口安置住房全部纳入政府保障房范围，采用装配式技术进行建设。

第四章

河北省装配式建筑需求与产能研究

第一节　研究背景

一、空间范围与数据来源

1. 空间范围

河北省、北京市、天津市、河南省、山东省、辽宁省、内蒙古自治区。

2. 数据来源

河北省部分：主要数据来自河北省 2011 ～ 2014 年国民经济和社会发展统计公报，标明出处的除外。

其他地区：主要数据来自于省级国民经济和社会发展统计公报。

二、研究思路与重点

1. 研究思路

通过对河北省各地市现状建筑业发展研究，对近几年建筑建设量的需求进行统计，依托现状资料和规划情况，进行建筑产业发展预测，对近五年每年的建筑建设量进行分析，主要通过对保障房、经济适用房、限价房等政府主导的建筑产业类型进行分析，通过对河北省每年建设量的预测，得出近几年城市保障性住宅产业方面的建筑产业的需求量。同时根据每年的商品房建设需求，进行预测分析，根据近几年的商品房装配式建筑率以及未来发展趋势进行分析，得出每年的商品房装配式建筑的量。

农村地区建设量较大，特别是在城市建设过程中的城镇化搬迁安置村庄以及地区发展较为落后区域的搬迁安置和农村危旧房改造成为农村装配式建筑的重要组成部分。根据河北省农村住宅发展要求以及村庄搬迁安置建设情况，对农村装配式建筑的量进行分析。

河北省已经对黏土砖窑进行取缔，在工业建筑的建设上，为了加快建设速度，适应大跨度厂房的建设需求，工业建筑的产业化也成为未来的重要组成部分。目前，许多企业厂房在建设过程中已经实现了装配式和预制建筑的结合，部分工业企业采用钢结构等材料。

城市综合管廊作为城市装配式建筑的重要组成部分，为了节省开支，方便进行管廊铺设及后期维修，综合管廊成为目前及未来的重要装配式建筑内容，通过对城市内部地区进行管廊改造及新建部分进行统计，得出综合管廊建设的需求。

河北省装配式建筑不仅为河北省地区服务，由于紧靠北京、天津，同时京津两市作为未来现代产业发展的核心，工业产业外溢的重要区域，因此河北省装配式建筑也要为北京、天津提供预制和钢结构建筑产品，河北省在建筑制品产能预测时应充分考虑北京、天津等地的需求。

河北省作为钢产量的大省，钢结构及钢制品的快速发展也为周边省市提供建筑产品，并且河北省相邻的周边地区交通条件较为便利，公路、铁路等较为便利，因此也能够辐射河南、内蒙古、辽宁、山东等几个省市的部分地区。同时河北省的海运条件较为便利，港口条件优越，因此海外产品的输出也成为重要的部分。

具体预测技术路线如图 4-1 所示。

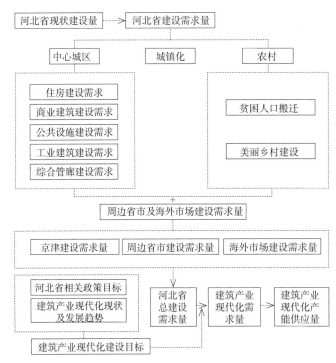

图 4-1 装配式建筑需求及产能预测技术路线图

2. 研究重点

研究的重点主要包括两个方面：建筑产品的产能需求和产品的生产及分布。

产品的产能需求主要是根据各个市县的现状及未来发展情况分析，进行合理的产能需求预测，对每年河北省总体产能及实现产能需求量进行分析，实现合理的产能预测。

产品的生产及分布主要是对装配式建筑和预制部品部件生产位置、服务半径、规模及生产线数量进行研究，划定合理的服务区域和功能分区。对钢结构、木结构等进行布点研究，形成合理的服务产品的分布，根据产品特点，制定产品划分的不同服务区和产品的生产类型，实现各类产品的互补，实现合理化的发展。

三、研究结论

通过研究预测，2016 ~ 2020 年河北省各年装配式建筑需求量见表 4-1。

未来五年河北省装配式建筑每年需求量及总需求量（万 m²）　　　表 4-1

地区及建筑用途		2016	2017	2018	2019	2020	小计
河北省城镇地区	住宅	310	425	626	744	949	3054
	商业建筑	227	261	593	664	1090	2835
	公共设施	52.03	62.43	104.89	120.62	132.68	472.65
	工业建筑	182.1	218.52	419.54	503.46	629.32	1952.94
河北省农村地区	村庄搬迁	9	20	42	60	22	153
	美丽乡村	99	149	176	220	264	908
小计		879.13	1135.95	1961.43	2312.08	3087	9375.59
京津地区	北京市	156	373	688	1356	2281	4854
	天津市	106	363	811	1134	1522	3936
	小计	262	736	1499	2490	3803	8790
合计		1141.13	1871.95	3460.43	4802.08	6890	18165.59

第二节　河北省内装配式建筑发展需求预测

河北省内的装配式建筑需求主要来源于四个方面：

（1）各县市中心城区住房建设的装配式建筑需求；

（2）各县市中心城区其他建设的装配式建筑需求（商业、公共建筑、工业、综合管廊）；

（3）全省县以上中心城区外城镇化扩张增量住房的装配式建筑需求；

（4）农村地区装配式建筑化（贫困地区搬迁安置和美丽乡村建设）。

一、预测思路

通过对省内各类建筑现状建设量的分析和全省未来人口增长的研究，预测未来几年各市县建筑业建设的需求量，在此基础上根据《实施细则》、《关于加快推进全省住宅产业化工作的通知》中的产业化目标，结合当前产业化现状以及国民经济发展趋势，综合确定规划期内各阶段产业化项目所占比重，进而预测出装配式建筑需求量，同时考虑到产业化技术进步等原因，将商业、公共建筑、工业建筑、农村住宅、综合管廊等纳入装配式建筑需求范围内。

二、河北省城镇住房建设需求

1. 人均住宅建筑面积预测法

（1）到 2020 年河北省人口规模预测

至 2014 年末，河北省常住人口总量为 7383.75 万人，比上年末增加 51.14 万人。出生人口 96.98 万人，人口出生率为 13.18‰；死亡人口 45.84 万人，人口死亡率为 6.23‰；人口自然增长率为 6.95‰。综合考虑"二胎政策"放开后自然增长率将进一步提高等因素，2015 年河北省中心城区城镇常住人口 3811.2 万人，河北省常住人口 7424.9 万人，常住人口城镇化率 51.33%。预测到 2020 年河北省人口自然增长率将达到 5‰ 左右。采用综合增长率法可以计算出 2020 年河北省常住人口约为 7612.40 万人。根据《河北省新型城镇化与城乡统筹示范区建设规划（2016-2020）》明确提出到 2020 年全省常住人口的城镇化率将达到 60% 左右，由此计算出 2020 年河北省城镇人口约为 4567.44 万人。

（2）按照人均住宅建筑面积预测法测算全省城镇住房建设需求

2013 年，全省各主要县市人均住房建筑面积约为 35m²，2008 ~ 2013 年人均住宅建筑面积整体呈现增长趋势。根据发达国家和城市的经验，当人均住宅建筑面积达到一定量时将保持稳定状态甚至出现减少的情况。同时综合考虑京津冀一体化对于河北省大部分区域城镇化进程的促进作用，到 2020 年河北省主要县市人均住房建筑面积为 35m² 左右。

2016 ~ 2020 年河北省城镇住房建筑面积需求量为：

$$Y = (P_1 \cdot N_1) - (P_2 \cdot N_2)$$

式中　Y——2016 ~ 2020 年河北省城镇住房建筑面积需求量；

P_1——2020 年河北省城镇常住人口；

N_1——2020 年河北省城镇人均住房建筑面积；

P_2——2015 年底河北城镇常住人口；

N_2——2015 年底河北省城镇人均住房建筑面积。

$$Y = (4567.44 - 3811.2) \times 35 = 26468.4 \ 万 \ m^2$$

河北省 2016 ~ 2020 年城镇住宅建筑面积需求总量约 26468.4 万 m²。

按照国际通行惯例，商品房空置率在 5% ~ 10% 之间为合理区，商品房供求平衡，有利于国民经济的健康发展；空置率在 10% ~ 20% 之间为空置危险区，要采取一定措施，加大商品房销售力度，以保证房地产市场正常发展和国民经济正常运行；空置率在 20% 以上为商品房严重积压区。据此确定到 2020 年河北省住房空置率允许控制范围为 5% ~ 10%。此外，随着社会经济的发展，各地区之间人口等流动十分频繁。对于整个河北省住房市场而言，由于要素流动带来的复杂程度更加明显。在省内不同市县存在两套房或多套房的现象，尤其是在京津地区工作的居民在河北省距离京津比较近的市县购买住房的现象较多。此种因素的存在势必会增加河北省住房需求。

因此，在定量预测河北省城镇住房需求的基础上，考虑住房空置允许范围和多套房现象的存在，确定 2016 ~ 2020 年河北省城镇住房需求总量为 26468.4 万 m²。此外，根据河北省住房和城乡建设厅提供的《2015 年联合专项调查库存情况表》，2015 年河北省城镇存量住宅建筑总面积为 6570.43 万 m²，结合国家商品房去库存目标，实现河北省建筑产业的合理化发展目标，每年对库存商品房进行部分消化。

因此，根据人均住宅建筑面积预测，2016 ~ 2020 年河北省城镇需要新建住宅需求为：

$$R_X = (Y - R_C) = 26468.4 - 6570.43 = 19897.97 \ 万 \ m^2$$

式中　R_X——2016 ~ 2020 年河北省城镇新建住房建筑面积；

Y——2016 ~ 2020 年河北省城镇住房建筑面积需求量；

R_C——需要去库存的住宅建筑量。

根据上述数据进行推算，河北省 2016 ～ 2020 年需要新建住宅建筑面积见表 4-2。

河北省城镇 2016 ～ 2020 年需要新建住房建筑面积　　　　表 4-2

地区	需要新建住房建筑面积需求（万 m²）					小计
	2016 年	2017 年	2018 年	2019 年	2020 年	
石家庄市	568	571	574	576	579	2868
保定市	613	616	619	622	625	3096
邯郸市	501	503	506	508	511	2528
唐山市	414	416	418	420	422	2091
秦皇岛市	163	164	165	166	166	824
邢台市	387	389	391	393	395	1955
承德市	187	188	189	190	191	946
廊坊市	242	243	245	246	247	1223
张家口市	235	236	237	238	239	1185
沧州市	395	397	399	401	403	1995
衡水市	235	237	238	239	240	1189
合计	3940	3960	3980	3999	4019	19898

2. 各市县新建住房装配式建筑需求预测

中共中央、国务院在 2016 年 2 月份发布的《关于进一步加强城市规划建设管理工作的若干意见》中明确提出力争用 10 年左右时间，使装配式建筑占新建建筑的比例（以下简称为产业化率）达到 30%。河北省作为紧邻北京市和天津市的省份，在装配式建筑的建设中具有先天优势，同时应具有带动效应，积极利用国家政策，在新建建筑中提高产业化率，大力推行装配式建筑。

假设：2016 ～ 2020 年，全省国家和省级试点城市保持 5% 每年的递增，在 2020 年产业化率达到 30%；其他城市 2016 ～ 2017 年产业化率为 5%，2018 ～ 2019 年产业化率为 10%，2020 年达到 15%。则得出河北省各县市 2016 ～ 2020 年装配式建筑建筑面积需求见表 4-3。

河北省各县市 2016 ～ 2020 年装配式建筑建筑面积需求　　　　表 4-3

地区	2016 产业化面积（万 m²）	2017 产业化面积（万 m²）	2018 产业化面积（万 m²）	2019 产业化面积（万 m²）	2020 产业化面积（万 m²）	小计
石家庄	57	86	115	144	174	576
保定	61	92	124	156	188	621
邯郸	50	75	101	127	153	506
唐山	41	62	84	105	127	419

续表

地区	2016 产业化面积（万 m²）	2017 产业化面积（万 m²）	2018 产业化面积（万 m²）	2019 产业化面积（万 m²）	2020 产业化面积（万 m²）	小计
秦皇岛	16	25	33	41	50	165
邢台	19	19	39	39	59	175
承德	9	9	19	19	29	85
廊坊市	12	12	24	25	37	110
张家口市	12	12	24	24	36	108
沧州市	20	20	40	40	60	180
衡水市	12	12	24	24	36	108
合计	309	424	627	744	949	3053

因此，2016 ~ 2020 年河北省城镇新建住房装配式建筑需求总量为 3053 万 m²。

第三节　全省城镇其他建设需求

一、商业建筑

河北省各市县以上中心城区近几年商业建筑面积有了较快发展，年办公楼和商业营业用房的投资比例不断提升（表 4-4）。

<table>
<tr><td colspan="5">2011 ~ 2014 年商业建筑的投资额度及建设面积</td><td>表 4-4</td></tr>
<tr><td>年份</td><td>办公楼投资额度（亿元）</td><td>办公楼建设面积（万 m²）</td><td>商业营业房投资额度（亿元）</td><td colspan="2">商业营业房（万 m²）</td></tr>
<tr><td>2011</td><td>87.2</td><td>872</td><td>437.3</td><td colspan="2">2429.44</td></tr>
<tr><td>2012</td><td>114.7</td><td>1147</td><td>407.6</td><td colspan="2">2264.44</td></tr>
<tr><td>2013</td><td>140.4</td><td>1404</td><td>457</td><td colspan="2">2538.89</td></tr>
<tr><td>2014</td><td>153.8</td><td>1538</td><td>502</td><td colspan="2">2788.89</td></tr>
</table>

根据办公楼和商业营业用房的投资额度及每平方米建筑造价，可以计算出近几年的商业建筑的建设面积，根据增长比率进行推算，计算公式如下：

$$Y_n = Y_{n-1}(1+X)$$

式中　Y_n——预测年的商业建筑量；

　　　Y_{n-1}——基数年的商业建筑量；

　　　X——每年的增长率。

根据近几年的数据推测表明，2016 ~ 2020 年河北省办公楼的增长率保持在 10% ~ 15%；商业营业房的增长率保持在 8% ~ 10%。

2016 ~ 2020 年的商业建筑面积需求见表 4-5。

2016 ～ 2020 年的商业建筑面积 表 4-5

年份	办公楼（万 m²）	商业营业房（万 m²）	小计
2016	1861	3374.56	5235.56
2017	2047	3644.52	5691.52
2018	2354	3936.08	6290.08
2019	2707	4132.89	6839.89
2020	3113	4339.53	7452.53

　　此外，根据河北省住房城乡建设厅提供的《2015 年联合专项调查库存情况表》，河北省非住宅存量建筑总面积为 2352.29 万 m²。由于去库存周期较长，因此在 2016 ～ 2020 年非住宅去库存量见表 4-6，需要新建商业建筑面积见表 4-7，全省商业装配式建筑项目建设目标见表 4-8。

2016 ～ 2020 年的全省非住宅去库存量估算表 表 4-6

年份	非住宅去库存量（万 m²）
2016	695.21
2017	474.39
2018	360.64
2019	203.7
2020	182.6
合计	1916.54

2016 ～ 2020 年需要新建商业建筑面积 表 4-7

年份	商业建筑面积（万 m²）	库存量（万 m²）	需要新建商业建筑面积（万 m²）
2016	5235.56	695.21	4540.35
2017	5691.52	474.39	5217.13
2018	6290.08	360.64	5929.44
2019	6839.89	203.7	6636.19
2020	7452.53	182.6	7269.93

2016 ～ 2020 年的全省商业装配式建筑项目建设目标 表 4-8

年份	商业建筑面积（万 m²）	商业建筑装配式建筑比例（%）	商业建筑装配式建筑需求
2016	4540.35	5	227
2017	5217.13	5	261
2018	5929.44	10	593
2019	6636.19	10	664
2020	7269.93	15	1090
合计			2835

因此，2016 ~ 2020 年河北省内县以上中心城区的商业装配式建筑的需求总量为 2835 万 m²。

二、公共设施建筑

为了实现公共服务设施的合理化布局，方便群众生活和日常的休闲活动，根据河北省的建设投资情况，河北省公共设施建设面积不断增长，根据河北省的建筑造价和投资成本进行测算，河北省 2014 年的公共设施的建设面积为 78.68 万 m²，同时为了实现小康社会建设目标，河北省的公共设施的增长量将保持平稳增长。因此可以预测 2016 ~ 2020 年河北省每年的公共设施建筑的需求量和产业化比率，由于公共设施多为政府投资项目，因此装配式建筑的比率相对较高（表 4-9）。

2016 ~ 2020 年河北省公共建筑量及装配式建筑量预测　　　　表 4-9

年份	公共建筑量（万 m²）	装配式建筑率（%）	装配式建筑量（万 m²）
2016	104.05	50	52.03
2017	124.865	50	62.43
2018	149.83	70	104.89
2019	172.31	70	120.62
2020	189.54	70	132.68
合计	740.62		472.65

因此，到 2020 年河北省公共建筑总的需求量为 740.62 万 m²，其中装配式建筑需求量为 472.65 万 m²。

三、工业建筑

河北省依托京津两市产业转移优势，工业产业发展提速，园区建设及工业厂房建设增加，目前许多企业在建设时为了快速化的建设，尽快投产已经开始采用装备式建筑进行建设，许多工业企业在建设的过程中就充分注重经济性、可拆解性、安全、轻便、大跨度等特征，采用一些钢结构的建筑，根据分析数据统计，河北省 2014 年工业建筑的建设面积为 275.38 万 m²。

根据增长预测 2016 ~ 2020 年工业建筑每年的需求量和采用装配式建筑的量（表 4-10）。

2016 ~ 2020 年河北省工业建筑及装配式建筑预测　　　　表 4-10

年份	工业建筑量（万 m²）	工业装配式建筑率（%）	工业装配式建筑量（万 m²）
2016	364.19	50	182.10
2017	437.03	50	218.52
2018	524.43	80	419.54
2019	629.32	80	503.46
2020	786.65	80	629.32
合计	2741.62		1952.94

因此，到 2020 年河北省工业建筑总的需求量为 2741.62 万 m²，其中装配式建筑需求量为 1952.94 万 m²。

第四节　全省乡村装配式建筑建设需求测算

一、河北省贫困人口搬迁安置新建建筑需求

2016 ~ 2020 年，河北省共搬迁安置贫困人口 42 万人，按照人均 18 m² 的补偿标准，2020 年共搬迁安置面积：42 万人 × 18m²/ 人 =756 万 m²。

根据河北省建设发展情况，村庄搬迁速度逐年加快，2020 年进入收尾期，搬迁安置人口数量减少（表 4-11）。

2016 ~ 2020 年河北省贫困人口搬迁安置装配式建筑需求　　　　　　表 4-11

年份	搬迁安置需要建筑面积（万 m²）	装配式建筑比率（%）	装配式建筑面积（万 m²）
2016	90.72	10	9.072
2017	136.08	15	20.412
2018	211.68	20	42.336
2019	241.92	25	60.48
2020	75.6	30	22.68
合计	756		154.98

河北省到 2020 年村庄搬迁安置共需要装配式建筑面积为 154.98 万 m²。

二、河北省美丽乡村建设中新建建筑需求

河北省美丽乡村建设，面临诸多政策支持，以及外部有利条件，为如期全面实现小康社会提供了基础条件。首先，中央、省委高度重视，习近平总书记多次对美丽乡村建设提出要求，河北省委主要领导亲自谋划、部署安排，为河北美丽乡村建设指明方向；其次，河北面临京津冀协同发展、北京携手张家口举办冬奥会等大背景，河北作为新型城镇化与城乡统筹示范区，国家在美丽乡村建设中给予特色金融政策支持，为推进美丽乡村建设提供了有利条件；同时，乡村休闲旅游逐步成为人们生活的部分，美丽乡村成为城市居民追逐、向往的地方，为建设美丽乡村建设提供了强大助力。

河北省是农业大省，农村人口众多，地形地貌多样，农业资源丰富，区位优势突出，内环京津、外沿渤海。省委、省政府高度重视农村人居环境建设，自 2004 年始在全省开展文明生态村建设，2008 年开展新民居建设，2012 年初开展村庄环境综合整治工作，尤其 2013 年开展农村面貌改造提升行动以来，建成一批环境整洁、设施配套、各具特色、能记得住乡愁的新农村，极大地推动我省农村发展环境，提高了农民的生产生活环境。

根据河北省美丽乡村建设规划（2016～2020年）中的规划，到2020年，将具备条件的农村基本建成美丽乡村，实现"四化四美"，推进城乡等值化，做到环境美；推进农业现代化，实现产业美；推进社会治理和谐化，实现精神美；推进生产生活绿色化，实现生态美。绝大多数县达到美丽乡村创建先进县标准，60%左右的县建成美丽乡村创建示范县，90%以上的乡镇开展整乡整镇的美丽乡村建设，15%以上的行政村建成美丽乡村的精品村或特色村。

为了加强美丽村庄建设，加强对农村危房进行改造，在美丽乡村"精品村"建设中，80%以上的农户完成民居节能改造，主要街道、街巷改造率达到100%；达标村60%以上的农户完成民居改造，主要街道、街巷改造率达到80%。省每年安排10万户民居改造示范户，其中，约4万户新建、6万户维修，5年建设民居示范50万户。在2015年实施农村危房改造17.2万户基础上，2016年和2017年每年计划改造12.5万户农村危房改造任务，2018～2020年计划改造10.65万户，到2020年完成现有农村危房改造，力争尽早改造完成。

在美丽乡村建设中，2016年和2017年每年改造危房和新建民居16.5万户，2018～2020年改造危房和新建民居14.65万户（表4-12）。

2016～2020年河北省美丽乡村建设装配式建筑需求　　　　　表4-12

年份	新建和改造建筑面积（万 m²）	装配式建筑比率（%）	装配式建筑面积（万 m²）
2016	990	10	99
2017	990	15	148.5
2018	879	20	175.8
2019	879	25	219.75
2020	879	30	263.7
合计	4617		906.75

河北省到2020年美丽乡村建设共需要装配式建筑面积为906.75万 m²。

根据河北省之前划定时间段内每年新建建筑总量进行变量分析，明确商品性建筑及政府保障性建筑的不同占比，不单一着眼于不同性质建筑的绝对增长量，更是对于其增速动力及阻力进行综合评估，从而对河北省及各主要县市未来建设体量进行更加科学的判断。

通过数据并结合现阶段城市建设发展现状可分析，从2015年起，城市房屋建设同比变化较小，商业住房更是出现量速双降的现况，建设阻力较大。装配式建筑应主要以政府主导项目为实体进行承接，城乡同时推广。

2016～2020年河北省全省村庄建设需求总量为5373万 m²，装配式建筑需求量为1586.16万 m²。

第五节　京津对河北装配式建筑需求预测

一、北京市

目前，北京市主要是在保障性住房的建设上采用装配式建筑，下一步在加大商品性住房和商业用房的开发上采用装配式建筑。北京目前阶段对于装配式建筑的需求可以由已经建设的产业基地来满足，但由于非首都功能的产业转移进一步加强，预计在未来 5 年内，北京市的装配式建筑部品部件生产企业将逐步撤出北京市范围，因此北京对河北省装配式建筑的需求量呈逐渐增加的趋势（表 4-13）。

2011 ~ 2014 年北京市建筑建设量　　　　　　　　　　　表 4-13

年份	房地产开发			保障性住房（万 m²）
	住宅（万 m²）	写字楼（万 m²）	商业、非公益用房及其他（万 m²）	
2011	7168.1	1102.4	807.78（商业营业房）	4084.4
2012	7510.4	1166.06	751.16（商业营业房）	1080
2013	6999.61	1853.63	3123.06	972
2014	7908.57	2273.3	3264.63	606

为了对北京市未来几年的装配式建筑需求量进行预测，首先对北京市近几年建设量进行统计，根据增长率进行对未来五年的建设量进行预测。北京市保障性住房的建设量在逐年减少，通过对住宅、写字楼、商业、非公益用房及其他和保障性住房的总量进行预测，得出近五年总的装配式建筑量（表 4-14）。

2016 ~ 2020 年北京市装配式建筑需求量　　　　　　　　表 4-14

年份	住宅（万 m²）	写字楼（万 m²）	商业及其他（万 m²）	保障性住房（万 m²）	产业化率（%）	北京产业化需求（万 m²）	输出河北需求比率（%）	需河北满足（万 m²）
2016	8390.2	3273.552	3599.255	363.6	10	1562.66	10	156.27
2017	8558	3928.262	3779.217	290.88	15	2483.45	15	372.52
2018	8729.16	4321.089	3892.594	261.792	20	3440.93	20	688.19
2019	9078.33	4753.198	4009.372	235.6128	25	4519.13	30	1355.74
2020	9441.46	5228.517	4129.653	212.0515	30	5703.50	40	2281.40
合计						17709.67		4854.11

根据上面分析，到 2020 年，河北省共需为北京市提供装配式建筑产能 4854.11 万 m²。

二、天津市

天津市紧邻北京市及河北省，未来天津市主要依托教育科研职能，进行装配式建筑产品的研发，其部品部件的生产职能逐渐转移到周边的河北等区域，为了减少环境污染，保护地区环境，加快建设速度，将依托河北省的装配式建筑发展为天津市提供装配式建筑的产品与服务。目前，天津市拥有多家装配式建筑生产公司和多个生产基地，未来将逐渐进行转移搬迁，河北省为天津市提供建筑产能和建筑全装修等一体化建筑产品的数量将逐渐增加（表4-15）。

2010 ～ 2014 年天津市建筑建设量 表 4-15

年份	房屋施工面积（万 m²）	保障性住房（万 m²）
2010	7420.1	680
2011	10007.97	1600
2012	11675.53	1040
2013	13721.7	1015
2014	15749.46	678

天津市装配式建筑需求主要由两部分组成，一为房屋建筑需求，包括住宅、商业等；另一部分为保障性住房，根据2010 ～ 2014 年的统计数据，保障性住房的量在逐年减少（表4-16）。

2016 ～ 2020 年天津市装配式建筑需求量 表 4-16

年份	房屋施工面积（万 m²）	保障性住房（万 m²）	产业化率（%）	天津产业化需求（万 m²）	输出河北需求比率（%）	需河北满足（万 m²）
2016	20828.66	332.22	10	2116.088	5	105.80
2017	23952.96	265.78	15	3632.811	10	363.28
2018	26827.32	212.62	20	5407.988	15	811.20
2019	30046.59	191.36	25	7559.488	15	1133.92
2020	33652.18	172.22	30	10147.32	15	1522.10
合计				28863.69		3936.30

根据上面分析，到2020年，河北省共需为天津市提供装配式建筑产能3936.30万 m²。

根据上面对北京和天津两市的分析，到2020年天津市和北京市需河北省共为其提供装配式建筑8790.41万 m²。

第六节　海外市场优势产品输出能力

河北省紧邻渤海，港口资源优势突出，拥有众多优良的海港，具有产品海外运输的天然优势。河北省拥有钢铁、水泥和森林优势资源，是我国的钢铁和建材产能大省，河北省钢产量占世界的 1/9，仅唐山市的钢铁产量就达到 8107 万 t，占全国钢铁产量的 9%，在未来的发展中具有海外建筑产品运输的优势。

钢结构建筑及产品具有较大的优势，我国钢材的产量和质量持续提高，价格逐年下降，钢结构的造价也相应有较大幅度的降低，同时钢结构配套的新型建材也得以迅速发展。钢结构的技术基础逐渐发展，多种钢结构的设计、施工、验收标准及行业标准已有多项颁布，为钢结构体系的应用奠定了必要的技术基础。我国的钢结构建筑产品也从高层重型、空间大跨度工业和公共建筑钢结构向住宅发展。钢结构建筑体系的快速发展，为我国钢结构产品的海外市场输送提供了较强的基础。

我国钢结构建筑中钢铁产业的应用较少，占据全国钢产量的 4%，目前钢铁基本转为出口，出口量在逐年增加，钢结构出口利润高，附加值高，前景十分广阔。同时，我国钢结构在技术以及标准上不断与国际接轨，国际市场需求量较大。钢结构建筑在逐渐增加，各国均在提倡节能节地住宅，有关钢结构建筑的试点工程、设计规范及配套技术、材料基本具备。积极扩展建筑钢结构所用钢材的品种，提高产品性能。

目前，我国的钢结构产品在海外产品市场的竞争中必须实时掌握海外市场动态及产品趋势，依托电子商务等便捷高效的推广渠道。制定优惠政策及严格的管理手段，保证钢铁各行业的健康合理发展。加快完善模数协调标准、制造技术标准、建设技术标准、开发技术标准、安全操作标准和质量体系标准。积极推广新技术、新产品、新设备，实现装配式建筑集成建设。坚持技术改造、工法工艺创新，提高住宅的生产能力和管理水平。

第五章

河北省装配式建筑适用结构体系研究

第一节　全省装配式建筑在不同结构体系中的配比

　　装配式建筑结构体系主推三类。第一类为装配式混凝土结构,包括框架结构、剪力墙结构、框架 - 剪力墙结构、框架筒体结构等;第二类为钢结构;第三类为木结构。

　　从装配式建筑发展现状来看,装配式混凝土结构建筑目前占据主导地位,这体现在基地企业数量、部品部件生产企业数量和目前开工的项目等几个方面。目前河北省的发展情况也是以混凝土结构的装配式建筑相关企业为主导,装配式混凝土部品部件年设计产能达到 60 万 m³,CL 网架板年设计产能达到 1000 万 m²。可以预计,在"十三五"期间,预测河北省装配式建筑中的装配式混凝土结构建筑仍将主导着整个行业的发展,政府会大力扶持,现有生产线加大产能,增设生产线数量,同时设计、生产、施工等一系列的安全质量的监管也同步进行。

　　不过,河北省钢材资源雄厚,在推动装配式建筑的进程中,河北必将突出发展钢结构装配式建筑。河北此举也与中央的精神保持一致,目前在中央和住房和城乡建设部签发的各类文件中,都是将装配式建筑与钢结构建筑并行提出,这已经体现了中央要大力推广钢结构建筑和住宅的决心与方向。根据河北省装配式建筑现状情况,钢构件设计产能达到 178 万 t,核算目前钢结构年均产能约 200 万 m²。在"十三五"期间,预测河北省装配式建筑中的钢结构会获得快速发展,所占比例也将大幅上升,尤其是随着国家对于雄安新区建设的大力推进,钢结构建筑会逐步从目前所占比例甚微成长为河北省占据半壁江山的装配式建筑结构和产品体系之一。在规划远期以及远景的发展目标中,河北省乃至京津范围内来看,装配式钢结构将成为装配式建筑的重要组成部分(图 5-1、图 5-2)。

　　2013 年"中国现代木结构建筑技术项目"联合工作小组对现代木结构技术应用市场进行了较为广泛的调查研究。调查结果显示,我国目前木结构建筑市场每年施工建造总量估计为 300 万 m²。与全国建筑业总的市场规模相比(2011 年 8.52 亿 m² 施工

图 5-1　传统钢结构

面积，3.16 亿 m² 竣工面积），木结构建筑行业分别占全国建筑业总施工面积的 0.35%、竣工建筑面积的 1%。根据河北省装配式建筑现状情况，木构件年设计产能达到 1 万 m³，核算木结构建筑年均产能 10 万 m²。由此来看，木结构的运用刚刚开始。目前，河北省有着比较成熟的木结构技术，省政府鼓励政府投资的学校、幼托、敬老院、园林景观等新建低层公共建筑采用木结构。因此，"十三五"期间，预测河北省装配式建筑中的木结构在装配式建筑中也将获得长足的发展，在某些领域会取得突出的地位，但在整体行业中所占比例有限，会在一个固定的比例（图 5-3）。

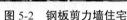

图 5-2 钢板剪力墙住宅

图 5-3 木结构

综合以上分析，在"十三五"期间，预测河北省装配式建筑的需求在装配式混凝土、钢结构和木结构中的分布见表 5-1。

装配式建筑的需求在装配式混凝土、钢结构和木结构中的分布　　　　　表 5-1

结构类型	2016 年（%）	2017（%）	2018（%）	2019（%）	2020（%）
装配式混凝土结构	85	75	60	55	50
钢结构	14	24	39	44	49
木结构	1	1	1	1	1

第二节　全省"十三五"期间不同结构体系产能需求预测

一、装配式混凝土结构产能需求预测

由于装配式混凝土结构建筑在生产、运输及施工过程中造成的一些损失及不可预测的问题，供给应比需求量相对多一点，以此估算装配式混凝土部品部件的产能供给量为：

$$P_P = P_{Px} \cdot a_P \cdot (1+b)$$

式中　P_P——装配式混凝土结构的产能供给量；

　　　　P_{Px}——装配式建筑的需求量；

a_p——装配式混凝土部品部件在装配式建筑中所占比例；

b——不可预测损失量，约为6%～8%。

得出装配式混凝土结构体系的产能供给量见表5-2。

2016～2020年装配式混凝土结构体系的产能需求　　　　　　　表 5-2

年份	2016 年	2017 年	2018 年	2019 年	2020 年
比率（%）	85	75	60	55	50
产能需求（万 m²）	969.96	1403.96	2076.26	2641.14	3445.00

二、钢结构产能供给预测

为了防止产能生产过剩，对钢结构的生产供给量主要依托需求量为基础，同时为了减少损耗和在运输过程中造成的一些损失及不可预测的问题，供给应比需求量相对多一点（表 5-3）。

以此估算钢结构的产能供给量为：

$$P_g = P_{gx} \cdot a_g \cdot (1+b)$$

式中　P_g——钢结构的产能供给量；

P_{gx}——装配式建筑的需求量；

a_g——钢结构在装配式建筑中所占比例；

b——不可预测损失量，约为3%～5%。

2016～2020年钢结构体系的产能需求　　　　　　　表 5-3

年份	2016 年	2017 年	2018 年	2019 年	2020 年
比率（%）	14	24	39	44	49
产能需求（万 m²）	159.76	449.27	1349.57	2112.92	3376.10

三、木结构产能供给预测

木结构在规划近期和远期的发展中的产能需求量见表5-4。

$$Pm = Pm_x \cdot am \cdot (1+b)$$

式中　Pm——木结构的产能供给量；

Pm_x——装配式建筑的需求量；

am——木结构在装配式建筑中所占比例；

b——不可预测损失量，约为3%～5%。

2016～2020年木结构体系的产能需求　　　　　　　表 5-4

年份	2016 年	2017 年	2018 年	2019 年	2020 年
比率（%）	1	1	1	1	1
产能需求（万 m²）	11.41	18.72	34.60	48.02	68.90

专栏 1：装配式混凝土部品部件生产效率测算法

目前，我国在推行装配式建筑中，装配式混凝土结构体系现阶段应用最为广泛，技术最为成熟，被认可度最高。为了更为全面、科学地估算装配式混凝土部品部件生产线的实际产量（需结合实际应用量），结合现阶段我国装配式建筑发展先进地区产业基地的实际生产状况，得到初步结论。

1. 存在较为明确的生产分工

装配式混凝土部品部件的种类繁多，根据生产情况可大体分为以楼板为主的水平预制部品部件、以内外墙为主的竖向预制部品部件及其他非标准预制部品部件（梁柱、楼梯及附属部品部件等），针对不同的产品体系，一般会设置不同配置的生产线进行有针对性的生产，相互配合，提高生产效率。

2. 对部品部件尺寸标准化要求较高

装配式建筑的核心是生产工业化，而装配式混凝土部品部件工业化生产的效率在很大程度上取决于部品部件产品的标准化程度，因此，全方位标准化体系的构建是今后装配式建筑顺利发展的重要前提。

3. 工业化生产对技术工人要求较高

预制部品部件的工业化生产是将之前较为粗犷的建筑过程演变为较为精细的工厂加工过程，在此过程中，产业工人的技术水准就直接影响到预制部品部件的生产速率及内在质量。因此，产业工人的技术成熟度也是实际产能测算的重要参数。

根据以上几点，结合现阶段我国自行研究并生产的装配式混凝土部品部件生产线的额定生产状况可推算流水线实际生产率如下：

设置单一体系生产线在预制生产部品部件规格种类不大于 4 种时，可达到额定生产率。在此基础上，部品部件规格种类增加，会同步降低生产线的综合生产效率。根据实际调研，当种类数值增加一倍时，实际生产效率会维持在额定生产率的 75% 左右。实际生产率应以实际应用的部品部件的数量作为核算标准，需考虑产后损耗。实际生产效率公式：

$$W = \alpha \frac{8+x}{8+2x}(1-\beta) \times 100\%$$

式中　W——实际生产效率；

x——部品部件规格增加数量（在标准规格数量基础之上 $1<x<4$）；

α——人为因素修正参数（技能熟练度 $85\%<\alpha<1$）；

β——出厂损耗修正参数（运输、吊装等损耗 $0<\beta<5\%$）。

河北省装配式建筑产业体系建设研究

第一节　装配式建筑产业链体系

一、装配式建筑价值体系

装配式建筑是一个宏观的产业体系概念，除了与之直接相关的单体建筑（特别是住宅）部品部件类产品外，与其发展具有辅助关系的相关产业也是重要的组成部分。从全产业链的系统角度来看，除了建筑标准制造外，装配式建筑产业体系还包括前端的新建筑材料、新工艺的开发利用；中端的产业运营智能化；末端的和新能源结合及建筑集成智能化等；以及建筑产业的后市场衍生服务等。包含了建筑部品部件生产和建筑施工中采用的模具、运输、吊装、组装设备，新型建筑材料，建筑装配集成，建筑电气与智能化等。装配式建筑相关产业与建筑预制部品部件相比，其产品附加值更高、市场空间更大、辐射能力更强，因此要实现装配式建筑的持续、健康发展，不断扩大产品的服务区域，就必须大力引进和扶持此类企业发展，加强该类产品的开发与规模化生产。

基于装配式建筑相关产品品种繁多、市场空间大、辐射能力强且更新改进速度快的特点，只要此类产品在国内乃至国际市场具有竞争力，其服务能力就可以跨越地域空间的限制，相应的生产规模也可以不断地放大。例如，目前在装配式建筑国家试点城市——济南正式确定的三个装配式建筑示范区中，章丘园区已经形成了较为成熟的装配式建筑设备产业集群，以重汽工业园、三一重工为代表的建筑运输设备生产基地，以大汉塔机、赫山工业园为代表的建筑吊装设备生产基地均已实现规模化生产，产品市场已覆盖全国各地。仅重汽工业园一家企业，占地规模就已达到 400hm^2（约 6000 亩）（图 6-1）。

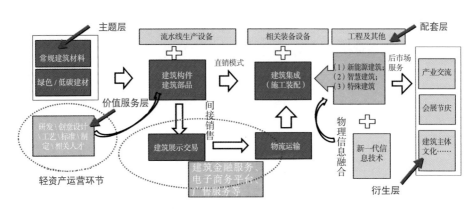

图 6-1　装配式建筑价值体系图

二、装配式建筑产业带动

我国装配式建筑的参与主体企业可分为以下五个类型：房地产开发类企业、建筑工业化全产业链式企业、混凝土预制部品部件生产企业、钢结构生产企业、部品一体化生产企业。而根据装配式建筑的特点，装配式住宅的生产流程可以定为以下几个过程：投资策划、规划设计、住宅开发、部品部件生产和建造施工、室内装修、管理维护。通过投资策划确定装配式住宅的建设，经过设计院和高等院校根据实际情况和要求进行合理的勘测、规划、设计，经房地产公司、金融类公司，由部品部件生产基地进行生产和组装，直接运到工地施工，最后的家具电器精装后便可出售100%装修的商品性房屋。户主入住后，由专门的物业运营公司进行管理和维护。设计单位设计、房地产公司开发、构部件生产基地生产施工建造、装修公司最后精装、物业公司运营管理几个产业链核组成了装配式住宅的产业链条。同时，构部件生产基地还可以担负起智能系统开发、创意设计、会展交易和科技研发等重要责任。初步估算通过装配式建筑来直接带动的相关产业超过20个，间接带动的产业将接近50个左右（图6-2、图6-3）。

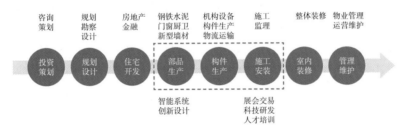

图6-2　装配式建筑产业链带动示意图

图6-3　河北省装配式建筑基地现状布局

第二节　河北省装配式建筑产业基地发展现状

近年来，河北省内一批企业、机构开展了装配式建筑的各种研发，取得了一定成果。二十二冶集团有限公司装配式住宅产业分公司、远建工业化住宅集成科技有限公司、唐山中材建筑科技有限公司、任丘市永基建筑安装工程有限公司等开展了新型结构体系研发。惠达卫浴股份有限公司开展卫浴部品研发，拥有墙地砖、浴室柜、五金龙头及配件等卫浴家居配套产品，整体厨房、整体卫生间等产品。河北新大地机电制造公司、雪龙集团研制生产了混凝土部品部件生产线设备，已在生产中得到应用。

一、预制部品部件生产基地

1. 中国二十二冶集团有限公司生产基地

中国二十二冶集团有限公司隶属于世界企业 500 强的中国冶金科工集团有限公司，是以工程施工总承包、装备制造、房地产开发、资源开发为主营业务的综合性大型企业。2010 年 10 月成立了装配式住宅产业分公司，2012 年 12 月被住房和城乡建设部授予"国家住宅产业化基地"。公司基地占地 305 亩，分三期建设，一期于 2012 年建成并投入使用，年设计产能 3 万 m^3。主要产品：叠合板、楼梯、墙体等。研发的套筒灌浆 + 搭接现浇的竖向连接技术已成功应用于唐山丰润涄阳新城项目，其中采用装配式混凝土结构建设的 9 号楼已完成主施工（图 6-4）。

2. 远建工业化住宅集成科技有限公司生产基地

远建工业化住宅集成科技有限公司总部位于邯郸，研发基地设于中国上海同济大学中芬中心，其装配式混凝土部品部件生产线年设计产能 3 万 m^3，建造了 3 栋不同结构体系的装配式实验楼。2014 年 7 月，被住房和城乡建设部授予"国家住宅产业化基地"（图 6-5）。

3. 秦皇岛阿尔法工业园开发有限公司生产基地

秦皇岛阿尔法工业园开发有限公司位于秦皇岛开发区数据产业园区，总投资 3 亿元，一期投资 1.2 亿元，占地 81 亩，建筑面积 4.4 万 m^2，年装配式混凝土部品部件设计产能 8 万 m^3。主要产品：装配式混凝土夹心保温外墙板、装配式混凝土内墙板、装配式混凝土叠合楼板、装配式混凝土楼板、装配式混凝土阳台及配套市政管廊等装配式混凝土部品部件。2015 年 2 月，被省住房和城乡建设厅授予"河北省装配式建筑基地"（图 6-6）。

图 6-4　装配式混凝土建筑

图 6-5　装配式混凝土生产线　　　　　　　　图 6-6　装配式混凝土部品部件

4. 河北建设集团有限公司生产基地

河北建设集团有限公司成立于 1952 年,注册资本金 12 亿元。公司在保定市清苑区规划了占地 2000 亩的绿色建筑产业园,远期规划建设 4 条装配式混凝土部品部件生产线,其中一条已具备生产条件,年设计产能 4 万 m³。主要产品:预制叠合板、外墙板、阳台板、空调板、楼梯及内墙隔板等部品部件。此外,园区内还建有年产 5 万 t 的钢构件生产线一条。2015 年7 月,被省住房和城乡建设厅授予“河北省装配式建筑基地”(图 6-7)。

5. 河北合创建筑节能科技有限责任公司生产基地

河北合创建筑节能科技有限责任公司是隶属于隆基泰和实业有限公司(全国民营 500 强)的全资子公司,主要产品:预制预应力空心楼板、波纹腹板梁、蜂窝腹板梁、预制楼梯、高强度螺旋箍筋、钢板箍、装配式预制柱及装配式剪力墙。公司基地占地面积 200 亩,拥有 20多名由教授级高级工程师、高级工程师、博士、硕士等组成的研发团队,并与天津大学、西安建筑科技大学等高校开展技术合作。与中国建筑科学研究院共同研发了“约束混凝土柱组合梁框架结构体系”,目前累计完成实体工程 100 万 m²。2014 年 6 月,被省住房和城乡建设厅授予“河北省装配式建筑基地”(图 6-8)。

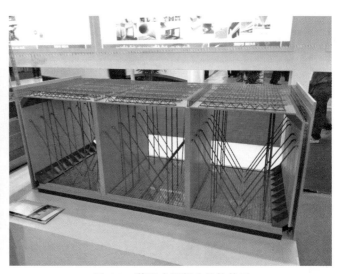

图 6-7　装配式钢结构项目　　　　　　　　图 6-8　装配式混凝土结构体系

6. 保定博鑫房地产开发有限公司生产基地

保定博鑫房地产开发有限公司于 2013 年成立了预制混凝土事业部，建立了博鑫预制混凝土住宅产业化基地混凝土站、预制混凝土预制部品部件生产车间和住宅产业化基地实验室。项目一期占地 150 亩，年设计产能 6 万 m³，主要产品：预制内外墙板、叠合楼板、预制楼梯等。2014 年 6 月，被省住房和城乡建设厅授予"河北省装配式建筑基地"。"博鑫·翰城"作为博鑫公司的装配式建筑试点项目，规划总建筑面积 18 万 m²，位于保定乐凯大街与七一路交叉口。

7. 邯郸市曙光新型建材科技有限公司生产基地

邯郸市曙光新型建材科技有限公司位于河北邯郸工业园区，注册资金 4000 万元，员工近 500 人，其装配式混凝土部品部件生产线年设计产能 5 万 m³，主要产品：预制夹芯保温外墙板、内墙板、叠合板、预制阳台、楼梯、飘窗等。2014 年 12 月，被省住房和城乡建设厅授予"河北省装配式建筑基地"。

8. 任丘市永基建筑安装工程有限公司生产基地

任丘市永基建筑安装工程有限公司和多家院校及科研单位合作，于 2012 年研制并生产出适合村镇居民的装配式住房，取得了 12 项发明专利。其装配式混凝土部品部件生产线年设计产能 8 万 m³，其产品已在沧州、保定、石家庄、廊坊、天津及周边县市等应用。2014 年 6 月，被省住房和城乡建设厅授予"河北省装配式建筑基地"。

二、装备制造基地

1. 河北新大地机电制造有限公司生产基地

河北新大地机电制造有限公司成立于 1997 年，是装配式混凝土部品部件生产装备专业供应商，国家发改委重点产业支持项目企业。公司在消化吸收了德国等国外混凝土制品工厂化及其施工技术的基础上进行改进创新，拥有多项国家发明及实用新型专利，目前生产具有完全自主知识产权的 5 大类别 16 个产品系列涉及 200 多个品种的主导产品，是国内产品链齐全的装配式混凝土部品部件装备制造企业。公司生产的装配式混凝土部品部件生产设备已应用于北京、河北、山东、黑龙江等国内外百余个工程项目。2015 年 2 月，被住房和城乡建设部授予了"国家住宅产业化基地"（图 6-9）。

图 6-9　装配式混凝土部品部件生产线

2. 河北雪龙机械制造有限公司生产基地

河北雪龙机械制造有限公司成立于 1994 年，是装配式混凝土部品部件生产装备专业供应商，国家级高新技术企业，先后获得国家实用新型专利 117 项。公司与清华大学建筑设计研究院开展战略合作，研发制造装配式混凝土生产线。2014 年 6 月，被省住房和城乡建设厅认定为"河北省装配式建筑基地"（图 6-10）。

三、部品生产基地

1. 惠达卫浴股份有限公司生产基地

惠达卫浴股份有限公司始建于 1982 年，前身为唐山惠达陶瓷（集团）股份有限公司，总部在河北省唐山市丰南区。目前拥有总资产 32 亿元，员工 7700 人，其中专业研发人

图 6-10　装配式混凝土部品部件生产设备

员 310 人，主要产品：卫生陶瓷、五金龙头、浴室柜、淋浴房、浴缸等。近年来惠达公司以小户型精装修和适老性住宅为突破口，以整体厨卫系统为依托，开发成套部品和技术服务。不断完善和推广装配厨房和卫生间的产业化体系，2012 年 2 月被住房和城乡建设部授予"国家住宅产业化基地"，成为河北省及卫浴行业首家"国家住宅产业化基地"。2013 年获得"国家认定企业技术中心"资质，2014 年被认定为国家级技术创新示范企业（图 6-11）。

2. 卓达房地产集团有限公司生产基地

卓达房地产集团创建于 1993 年 7 月，卓达新型建材是卓达房地产集团拥有自主知识产权的高科技新型绿色建筑材料，可以广泛用于生产外墙材料、室内外装饰材料以及环保养生家具、工艺品等，其原材料为农业与工业废弃物、建筑垃圾等。截至目前，卓达房地产集团在新型绿色建材上，已经拥有国家专利 40 多项。2014 年 2 月，被住房和城乡建设部授予"国家住宅产业化基地"（图 6-12）。

图 6-11　一体化卫浴

图 6-12　装配式剪力墙

3. 石家庄晶达建筑体系有限公司生产基地

石家庄晶达建筑体系有限公司成立于1992年，注册资金5000万元，是以经营新型建筑体系研究及相关设备、材料的开发、生产、销售、咨询服务为主的高新技术企业，是"中国CL建筑体系"的研发中心。公司研发的CL建筑体系——钢筋焊接网架复合混凝土剪力墙结构体系，拥有34项国家专利，是我省首个被认定的建筑保温与结构一体化技术，在全国16个省拥有50家生产基地，年总产值20亿元。2015年6月，被省住房和城乡建设厅授予"河北省装配式建筑基地"（图6-13）。

4. 唐山德生防水股份有限公司生产基地

唐山德生防水股份有限公司成立于2000年，是一家集建筑工程防水材料研发、生产、销售、施工为一体的集团化、现代化国家级高新技术企业。集团包括唐山德生、天津禹红、新疆德生建科等全资子公司，总占地面积近30万 m^2，产品覆盖防水卷材、防水涂料和沥青瓦三大种类，八大系列，拥有独立自主知识产权54项，其中双防连系列TPO自粘复合防水卷材属世界首创，TPE高分子自粘胶膜成功解决了钢结构屋面防水难题。2015年2月，被省住房和城乡建设厅授予"河北省装配式建筑基地"（图6-14）。

5. 唐山海螺型材有限责任公司生产基地

唐山海螺型材有限责任公司是由芜湖海螺型材科技股份公司与唐山冀东水泥股份有限公司共同出资设立的合资企业，公司成立于2001年9月，注册资本1.6亿元，占地170亩，公司全套引进德国与奥地利的工艺技术与配方，拥有13项专利，目前的主导产品包括50、60、65、70、73、77、80、85、88和95十大系列塑料门窗异形型材，适用于中式、欧式、美式等多种建筑风格，水密性、气密性、绝热性和防腐性优越，开发的"伊尔斯"系列门窗已于去年投入市场。2015年2月，被省住房和城乡建设厅授予"河北省装配式建筑基地"（图6-15）。

图6-13　CL板　　　　　　图6-14　防水体系　　　　　图6-15　门窗型材

四、木结构类基地

迁安市大树木业有限责任公司是主营CLT（正交胶合木）重型木结构、北美轻型木结构、木质景观、深度炭化木的综合性企业，坐落于河北省迁安市阎家店工业园区。公司从2010年开始研究CLT技术，在学习、借鉴加拿大、德国、奥地利等多个国家木结构生产加工流程的基础上，于 2013 年 10 月正式成功生产了第一批国产 CLT 正交胶合木。2015 年 9 月，被省住房和城乡建设厅授予"河北省装配式建筑基地"（图 6-16）。

图 6-16　木结构

五、建筑设计类基地

河北建筑设计研究院有限责任公司（原河北省建筑设计研究院）创建于 1952 年，为国家甲级建筑设计研究单位，现有员工 600 余人，专业技术人员 550 人，其中正高级、高级专业技术人员 200 人，国家各类注册工程技术人员 167 人。当代中国百名建筑师、当代中国杰出工程师、河北省劳动模范、河北省建筑大师、河北省工程设计大师、河北省突出贡献中青年专家等共 11 人。2015 年 11 月，省住房和城乡建设厅授予"河北省装配式建筑基地"。

第三节　河北省装配式建筑产业体系发展建议

根据相关研究，从区位条件、发展基础、经济发展进程和产业规模初步建立我国装配式建筑产业化区域发展预测模型为：

以北京为中心的京津冀和以上海、江苏为中心的长三角地区已经成为我国装配式建筑发展的两大引擎，未来将成为我国装配式建筑发展的重点核心区，产业规模非常大；

以深圳、广州为中心的珠三角地区和以沈阳、大连、长春为中心的东北工业基地是我国装配式建筑发展的第二梯队，产业基础好，市场需求大，未来的产业化发展潜力很大；

济南、郑州、合肥、武汉、成都、厦门、杭州等部分中心城市将成为我国装配式建筑发展的第三梯队，这些城市初步具备发展装配式建筑的基础条件，是推动我国装配式建筑持续发展的重要支撑。

一、产业体系发展方向

河北省装配式建筑产业体系发展的方向是打造京津冀协同发展之下的装配式建筑与新城城镇化结合的产城融合体系和装配式建筑产业要素集聚模型（图 6-17、图 6-18）。

以建筑产业现代化为驱动，融合当地各类产业
产业整合
品牌展示带动产业资源集聚
产业发展驱动城镇化发展
设计中心
信息中心
采购中心
提供体验内容
突出示范驱动发展
品牌提升
城镇示范
通过产业展示平台，聚集人气、聚集政策资源、打造品牌形象
试点城市、示范园区产城融合

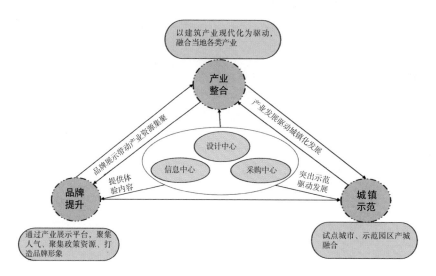

图 6-17 装配式建筑产城融合体系图

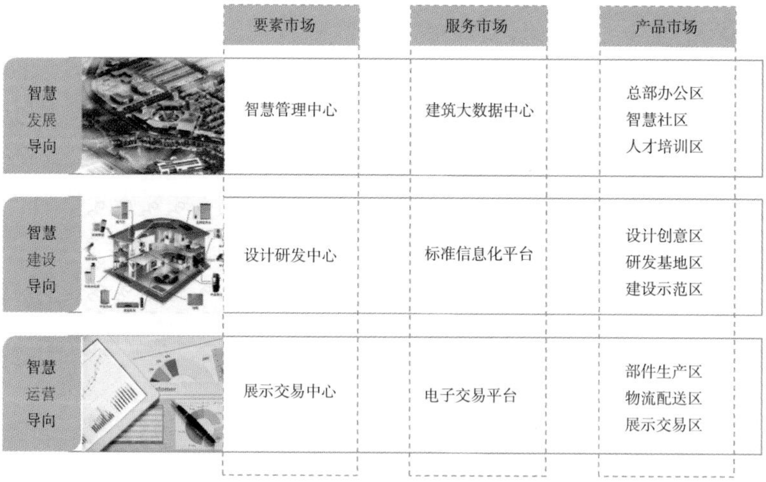

要素市场
服务市场
产品市场
智慧发展导向
智慧管理中心
建筑大数据中心
总部办公区
智慧社区
人才培训区
智慧建设导向
设计研发中心
标准信息化平台
设计创意区
研发基地区
建设示范区
智慧运营导向
展示交易中心
电子交易平台
部件生产区
物流配送区
展示交易区

图 6-18 装配式建筑产业要素集聚模型

河北省的装配式建筑产业体系，一定要强化京津冀区域产业协同与联动，从大格局、大市场和大产业集群的角度来引领京津冀装配式建筑发展。

打造大格局：立足京津冀区域产业资源、要素分布，基于河北省产业发展基础，构建大区域产业空间发展格局。

构建大市场：立足京津冀市场需求，逐步开拓全国市场。

培育大产业集群：对接京津研发、设计、运营等优势环节，通过总部 - 生产基地、产业

化基地等形式，构建研发 - 设计 - 部品部件生产 - 施工 - 运营维护跨区域产业链条，打造有竞争力的产业集群。

依托河北省装配式建筑试点城市石家庄（平山县）、秦皇岛（抚宁区）、邯郸（涉县）、保定（易县）、唐山（丰润区）以及张北县资源特色、产业基 础、企业类型、目标市场，科学制定示范城市装配式建筑发展规划，明确不同试点城市发展重点行业领域、环节，形成各自发展特色。发挥试点城市作为京津冀区域性中心城市优势，整合辐射区域市场需求。

要以河北省目前的试点城市和试点基地企业为依托，逐步完善产业整体空间布局体系，能够最大化整合京津冀区域资源要素市场，有效辐射京津市场。同时河北装配式建筑的产业发展要以强化与首都产业创新协作为特色，积极引入首都关联产业转移，引入首都科技创新资源，完善产业链条，提升产业发展势能。对引入的首都装配式建筑企业，尤其是研发设计型企业、科技成果转化型企业，强化政策保障，搭建绿色审批通道，加快项目落地。以最快的速度，打造河北特色的装配式建筑产业集群（图 6-19）。

图 6-19　京津冀建筑产业现代化

二、产业园区发展策略

1. 园区类型及定义

园区的类型及定义如图 6-20 所示。

图 6-20　园区的类型及定义

根据其功能的不同，可以将装配式建筑分为如图 6-21 所示的几个类型园区。

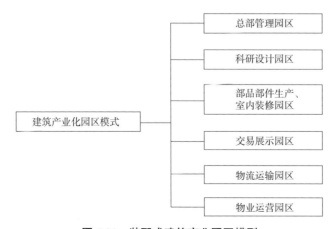

图 6-21　装配式建筑产业园区模型

（1）总部管理园区：由房地产、金融企业和EPC监理机构组成的行使营销、投资、策划、管理等职能的高层领导园区。

（2）科研设计园区：各种研究所、研究院、高等学府的研究机构等构成的科技研发和设计园区。

（3）部品部件生产、室内装修园区：预制部品部件生产厂商、门窗生产厂商、卫浴厨房等部品生产厂商、智能系统开发厂商、创意设计单位、建筑材料供给商、机械设备生产厂商、室内精装修公司共同组成的加工型园区。

（4）交易展示园区：各个厂商对其建筑部品部件、机械设备、成品进行展示和交易，以及提供酒店住宿条件的贸易型园区。

（5）物流运输园区：具有将建筑部品部件、机械设备等大型物品运送施工现场或其他地方能力的运送公司以及提供酒店住宿条件的服务型园区。

（6）物业运营园区：与成品建筑物或交易完成的楼房进行维护和管理，保障住户的安全、卫生、便捷的公司组成的服务型园区。

2.区域园区指引

根据公司、厂商自身的需求和市场的需求，可以将园区分开或合并，形成新的园区。自给自足的县市可以以构部件生产、室内装修园区和物业运营园区为主，总部管理园区和科研设计园区为辅，交易展示园区和物流运输园区次之的模式建设。又或者将高层管理加入构部件生产、室内装修园区，物业运营园区、交易展示园区和物流运输园区统一规划，形成综合性的服务园区。自给自足区以满足自身需求为主，辐射范围较小，交易面较窄，物流运输距离较短，面对外部市场的压力相对较小，大多数会形成小型的装配式建筑企业联盟。

京津冀服务区以构部件生产园区、交易展示园区和物流运输为主，总部管理园区和科研设计园区为辅，物业运营园区次之。京津冀服务区主要服务京津冀地区，对北京、天津等地进行市场输出，辐射范围相对扩大，交易面变广，运输距离拉长，面临来自北京、天津等地区的市场输入压力，需要更加有实力的企业联盟来增强对京津冀地区的影响力。

对外交易区以对外交易为主，需要有更强的经济实力、管理实力和创新能力，以总部管理园区、科研设计园区和交易展示园区为主，构部件生产、室内装修园区中室内装修作用不大，形成单纯的大型构部件生产园区，物业运营园区作用不大。

河北省装配式建筑"十三五"发展目标与重点工作研究

第一节　明确发展目标

到 2020 年，我省装配式建筑的发展环境、市场机制和服务体系基本形成，技术体系基本完备，管理制度相对完善，人才队伍培育机制基本建立，关键技术和成套技术应用逐步成熟，形成能够服务于京津冀地区的装配式建筑生产和服务体系。装配式建造方式成为主要建造方式之一，结合我省供给侧结构性改革，把钢结构建筑作为建造方式创新的主攻方向，大力发展装配式混凝土建筑，在具备条件的地方倡导发展现代木结构建筑，不断提高装配式建筑在新建建筑中的比例。

到 2020 年，全省装配式建筑占新建建筑面积的比例要超过全国平均水平，其中要根据河北省的产业实际情况大力提升钢结构建筑占新建建筑面积的比例。从示范培育的角度，全省要从产业基础较好，地区示范性强的省级试点城市中培育若干个国家级装配式建筑示范城市，培育一批省级装配式建筑示范市（县）、省级装配式建筑产业基地，打造一批省级装配式建筑示范项目。

一、制定发展规划

各设区市根据《河北省装配式建筑"十三五"发展规划》，编制本地的发展规划，完善总体设计，落实中央和河北省的具体要求，明确发展目标和主要任务等。同时发展规划要纳入国民经济和社会发展规划、住房和城乡建设领域相关规划，发挥规划的战略性、基础性和约束性作用，合理布局，统筹发展。

二、完善制度建设

启动我省装配式建筑质量立法工作，建立健全完善的建筑工业化制度与管理体系，具体涵盖评价、监管、计价、招投标、施工及质量验收、部品认证、质量追偿、准入退出、产业化工人培养等领域。

三、推动技术创新

加大标准化设计、工厂化生产、装配化施工、一体化装修、信息化管理、智能化应用等"六化"实施力度，推动"六化合一"的技术创新集成研究。到 2020 年，建立完善建筑工业化标准体系，具体涵盖评价、认定、设计、产品、验收等方面。完成我省装配式建筑技术路线图，建立装配式建筑结构体系、建筑部品技术体系。编制部品部件设计图集，建立标准化、模数化部品部件体系。在装配式建筑项目中全面推广BIM技术。加快工程建设标准与技术创新融合，推广应用与建筑工业化配套的新技术、新工艺、新材料和新装备。建立完善装配式项目"菜单式"装修设计方案。

四、加强管理创新

建立完善的装配式建筑行政监管服务体系，在土地出让、设计、施工、验收、拆除等各阶段明确管理制度与措施。在装配式建设中的项目管理与BIM结合，建立装配式建筑智慧管理平台，将射频芯片技术、互联网与大数据有机结合，摸索智慧建造管理模式。到2020年，与2015年全省平均水平相比，整体劳动效率提高近1倍，约80%装配式建筑工程建设项目总体施工周期缩短1/4以上。

五、培育产业发展

培育装配式建筑产业集群，鼓励产业链上下游企业集成，促进企业做大做强，打造一批行业龙头集团企业，建立规模化产业同盟和竞争淘汰机制，促进行业健康有序发展。结合"一带一路"国家战略，积极开拓海外市场。

六、加强人才建设

加快制定装配式建筑人才认定标准，积极落实人才激励政策，培育和引进一批层次分布合理，全产业链覆盖且满足装配式建筑人才认定标准的人才。到2020年，力争新增省级行业领军人才3～5名；打造两个"千人计划"，新增1000名以上装配式建筑专业技术人才，具体涵盖管理、设计、生产、研发等领域；新增1000名以上装配式建筑专业技术产业工人。

第二节　推动重点工作

一、机制创新：建立京津冀装配式建筑协同发展创新机制

落实中央城市工作会议精神，抓住紧跟住房和城乡建设部提出的大力发展装配式建筑的战略机遇，从北京市落实中央提出的"科技创新中心"出发，联合北京市政府和北京建筑领域知名高校和机构，从政策创新、创意设计研发、装配式建筑信息管理、全国智慧建筑数字管理平台和BIM技术的创新应用平台等角度，把北京打造成为京津冀装配式建筑协同创新的中心。天津以其独特的区位优势、产业优势以及天津大学等学科优势，打造成为协同创新副中心，与北京一起引领和支撑京津冀区域装配式建筑创新发展（图7-1）。

河北省以石家庄为轴心，全面吸收和转化京津建筑相关的科技和创新的成果，并且通过试点城市向全省范围之内进行辐射，对接京津研发、设计、运营等优势环节，通过总部-生

产基地、产业化基地等形式，构建研发 - 设计 - 部品部件生产 - 施工 - 运营维护跨区域产业链条，打造有竞争力的产业集群。同时，随着北京和天津部品部件生产企业的外迁进入河北，河北围绕着京津形成部品生产、物流配送等相关的装配式建筑服务圈层（表 7-1）。

二、价值创新：以要素聚集理念打造装配式建筑智慧管理平台

站在京津冀装配式建筑整体发展的高度，以产业发展思维，通过核心要素聚集，着眼于构建装配式建筑的新价值体系。其核心是将信息化与工业化结合作为装配式建筑发展的动力源，以工业 4.0 思想为指导，以信息化为手段，以新型城镇化为载体，运用互联网思维来整合产业资源，建立线上线下（O2O）服务平台，最终形成装配式建筑的产品市场、服务市场和要素市场。

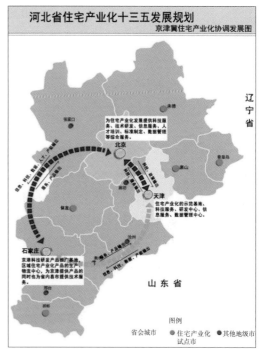

图 7-1　京津冀装配式建筑协同关系图

京津冀装配式建筑发展协同定位　　　　表 7-1

地区	协同定位
北京	国家智库、科技创新、设计创新、人才培训、标准制定、大数据管理
天津	示范基地、科技创新、设计研发、云计算服务
河北省率先发展地区	京津科技推广基地，部品生产、物流配送、展示交易、区域辐射中心

其关键在于建立装配式建筑部品部件生产的信息化体系及标准，通过最新的互联网思维和技术、传感技术，将未来数以万计甚至亿计的装配式建筑的装配式混凝土或钢结构的部品与智能芯片连接起来，通过建立国家级的数据库平台将海量大数据进行集成，同时通过成熟的 BIM 和 GIS 系统平台，将大数据有效管理和运营起来，与智慧城市、智慧建设和智慧运营相结合，达到推动建筑质量安全建设、推动智慧建筑与节能管理、推动智慧建设和产业结合等多效果、多要素叠加的效果。

三、体系创新：以系统思维理念构建装配式建筑体系建设

1. 标准体系：加快完善装配式建筑的技术标准体系

建立完善设计、构配件生产、装配化施工、质量验收及评价的技术标准体系。构建建筑部品与结构的模数协调技术标准。形成装配式建筑标准化设计方法，建立适用装配式建筑的省建筑标准设计体系，制定相关标准化图集、技术指南。

2. 结构体系：着力发展装配式建筑的建筑结构技术体系

积极推广适宜的装配式建筑混凝土结构、钢结构、木结构和混合结构等结构技术体系，开发适用于城镇低、多层建筑结构技术体系。加快完善装配式混凝土结构体系，提高装配式混凝土剪力墙结构体系，积极开发混凝土框架结构和框架剪力墙结构体系。提高钢结构建筑的钢结构生产应用水平和集成技术能力，开展新型装配式钢筋混凝土混合结构等结构体系技术研发工作。

3. 产品体系：积极推动装配式建筑的建筑部品技术体系

积极发展通用部品、建材部品化，逐步形成规模生产与配套供应的工业化部品体系。重点发展装配式装修部品、轻质隔断板材部品、新型围护结构部品和成套管线设备部品，加快整体卫浴和厨房部品系列化开发推广。推进新型支撑体与填充体的建筑体系，发展具有更高可改造性和耐久性的装修与主体结构分离的集成技术。加强建筑、结构和设备等各专业及生产建造各环节的技术集成应用。

4. 人才体系：建立健全装配式建筑人才培育体系

建立装配式建筑人才队伍培育机制，为装配式建筑发展提供人才支撑。加强技术、管理人员队伍建设，提高专业技术素质和管理水平，将装配式建筑知识作为相关专业执业注册人员资格考试和继续教育培训的重要内容。鼓励大专院校开设装配式建筑相关课程，设立相关学科。着力发展产业工人队伍，通过职业教育、实训基地，培养专业技能及操作经验。

河北省装配式建筑产业布局研究

第一节　布局原则

一、统筹规划，功能性布局划分

根据河北省各地区的建设量和装配式建筑需求量，结合河北省装配式建筑发展中钢结构体系与装配式混凝土体系齐头并进的特点，合理选择片区发展重心，比如以唐山、秦皇岛为核心的冀东区域，依托雄厚的钢铁工业基础和交通运输特点，将来可发展为钢结构主要生产区，并辐射至整个京津冀区域。统筹需求与供给、基地建设与设施配套、规划刚性与弹性的关系，体现规划的科学性和可操作性。

二、因地制宜，就地取材

坚持优势互补，区域协调，结合城市产业发展特点、优势以及总体发展目标，因地制宜地布局生产基地的类型，充分发挥当地产业优势。对于基地的建设，要多部门联动，做好用地规划和选址工作，在严格遵守城市总体规划和土地利用总体规划的基础上，优化基地的空间布局，利用原有厂区和已有工业园区，尽量选址在交通便利、基础设施齐全、公用事业完备、就业方便的区域，单一城市多个小型产业化园区建设尽量遵循互补原则，统一形成完整产业链条。

三、科学计算辐射范围，减少重叠区域

装配式建筑基地布局要作辐射范围分析，以 100km 为服务半径，科学规划产业化基地布局，全面覆盖全省乃至周边地区。同时产业化基地的布局要结合各市（县）已有的工业园区统筹考虑。

四、近远期结合，避免产能过剩

坚持以需求为导向，合理安排装配式建筑的产能，避免产能过剩。统筹处理好近期与远期的关系，制定年度实施计划，有效引导市场预期，做到供需基本平衡，区域分布均衡，优化产品供应结构，实现产业化基地发展建设稳步有序推进。

第二节　影响因素分析

一、建筑原材料

装配式建筑消耗的建筑原材料主要包括砂、石、水泥、钢铁等。河北省的装配式建筑原材料供应比较丰富，特别是钢结构体系，钢铁材料的供应优势明显，钢结构体系生产区主要根据河北省现有钢铁产业发展现状进行空间布局。

二、运输条件

装配式混凝土结构体系生产基地对运输条件和成本因素要求较高，基本以100km为服务半径。产业化基地应尽量接近需求市场，降低运输成本。大宗运量的重钢结构生产基地宜布局在水路交通较为便利、辐射范围较广的地区。

三、辐射范围

由于装配式建筑生产基地的辐射范围有限，所以生产基地的布点要在靠近需求市场的同时，均衡分布，以满足全省的装配式建筑发展需求。以石家庄为核心的冀中南地区主要辐射河北省大部分地区；以唐山、秦皇岛为核心的冀东地区主要辐射冀东沿海；环京津的各市县主要辐射京津地区。

第三节　全省装配式建筑产业布局

统筹空间、规模、产业三要素，围绕京津冀协同发展战略，根据《河北省国民经济发展"十三五"发展规划》、《河北省新型城镇化与城乡统筹示范区建设规划（2016-2020年）》，明确全省装配式建筑发展的产业布局和发展定位。

落实京津冀协同发展国家战略和中央城市工作会议精神，积极承接北京非首都功能疏解，构建河北省装配式建筑"两轴、三区、一环"的产业发展布局。发挥河北省装配式建筑示范市（县）的引领作用，明确功能定位，突出发展重点，拓展发展空间，实现梯度组团式发展，建立以科技创新、智慧发展、要素集聚、产业联动为特点的全省装配式建筑立体发展格局。全省范围内规划张家口、石家庄、唐山、保定、邯郸、沧州市和环京津县（市、区）率先发展，其他市、县加快发展。

一、两轴

在京津两翼形成京保石邯和京唐两条装配式建筑重点发展轴和试点城市集聚带，作为支

专栏 2：全省各中心、节点城市装配式建筑发展定位与产业引导

		发展定位与产业引导方向
率先发展区	张家口	借助举办冬奥会机遇，重点发展钢结构建筑，服务场馆建设。积极发展装配式混凝土建筑，探索在旅游景区发展现代木结构建筑
	石家庄	依托省会城市技术和人才优势，发展装配式建筑技术、生产和安装设备，创新工程项目管理模式，建立装配式建筑智慧建造信息化平台。成为全省科技成果转化中心和服务全省的模式创新、科技创新和管理创新中心，带动全省装配式建筑全面发展
	唐山	依托钢铁产业优势，重点发展钢结构建筑。积极发展装配式混凝土建筑，特色发展现代木结构建筑，研发农村装配式低层住宅体系。形成钢结构、装配式混凝土结构和现代木结构相关的产业集聚区
	保定	借助北京非首都功能转移和雄安新区建设机遇，建设预制部品部件生产基地，形成满足北京产业转移和雄安新区建设的产业基础。重点发展装配式混凝土和钢结构建筑体系，大力发展环京津装配式建筑部品部件物流基地
	邯郸	依托冀南中心城市区位优势，发展装配式混凝土和钢结构建筑，积极发展装配式建筑围护体系，研发农村装配式低层住宅体系，特色发展装配式建筑新材料体系，形成装配式建筑围护结构和建筑新材料相关产业集聚区
	沧州	依托紧临雄安新区、天津市的区位优势和沿海港口优势，发展装配式混凝土和钢结构建筑，服务本地及周边市场，形成冀东南装配式建筑相关产业集聚区
	环京津县（市、区）	依托环京津区位优势，重点发展装配式建筑围护体系、部品部件生产和物流基地，建设环京津装配式建筑产品服务带
加快发展区	秦皇岛	依托冀东中心城市区位优势，重点发展装配式混凝土建筑体系，积极发展钢结构建筑体系，特色发展绿色装配式建筑相关围护和材料体系，形成绿色装配式建筑产业集聚区，积极探索适用于景区和海外市场的低层装配式建筑体系和现代木结构建筑
	廊坊	依托环京津区位优势，重点发展装配式混凝土建筑体系，积极发展钢结构建筑体系，特色发展装配式建筑围护体系和环京津装配式建筑部品部件生产和物流基地，形成相关产业集聚区
	邢台	依托冀南中心城市区位优势，重点发展装配式混凝土建筑体系，积极发展钢结构建筑体系，特色发展EPS模块混凝土剪力墙建筑体系和配套体系形成相关产业集聚区，积极探索适用于农村的低层装配式建筑体系，支持冀南地区装配式建筑均衡发展
	衡水	依托冀中南中心城市区位优势，重点发展装配式混凝土建筑体系，积极发展钢结构建筑体系，形成相关产业集聚区，积极探索适用于农村的低层装配式建筑体系，支持冀中南地区装配式建筑良性发展
	承德	依托冀北生态示范中心城市区位优势，重点发展装配式混凝土建筑体系，积极发展钢结构建筑体系，特色发展现代木结构建筑体系，形成相关产业集聚区，积极探索适用于景区的低层装配式建筑体系，支持冀北地区装配式建筑的有序发展

撑和带动京津冀装配式建筑协同发展的主动脉和空间载体。

二、两区

在全省范围内规划装配式建筑率先发展区、加快发展区。率先发展区包括张家口、石家庄、唐山、保定、邯郸、沧州市和环京津县（市、区）。依托上述区域的建筑业基础、城镇化发展带动和京津市场潜力，抓住北京携手张家口联合承办 2022 年冬季奥运会的战略机遇，突出科技创新引领，兼顾发展钢结构和装配式混凝土结构，积极推动农村低层装配式建筑，通过打造区域性装配式建筑产业示范园区，辐射带动周边地区，满足京津市场需求，实现生产

基地科学布局。

上述区域以外的其他市、县列为加快发展区。依托所在城市的区位、交通优势和钢铁、陶瓷、玻璃等在全国范围内具有影响力的产业基础，重点发展钢结构、装配式混凝土建筑体系及整体卫浴、建筑门窗等装配式装修产品，在实现区域内供需平衡基础上，逐步辐射周边地区，并依托港口建立海外产能输送基地，支撑一带一路建设。

对于张家口、承德市等生态涵养区，更加注重发展绿色生态、集约高效、特色优质的装配式建筑相关产品，如现代木结构建筑等，形成彰显地域人居环境品质的特色示范区。

三、环

在京津周边地区、结合各县（市）既有特色产业基础，规划形成面向京津市场的装配式建筑综合服务环，进一步整合并提升现有产业门类，以市场需求为导向建立服务京津及周边地区的装配式建筑全产业链产品供应与服务带，使装配式建筑相关产业成为促进区域内中小城市产业转型的新动力（图 8-1、表 8-1）。

图 8-1　河北省装配式建筑产业布局研究示意图

京津周边装配式建筑综合服务环上的节点基地　　　表 8-1

城市	所在地级市	既有优势产业	装配式建筑产品
大城	廊坊	保温材料	新型建材
固安	廊坊	电子信息、现代装备制造	智能建筑、建筑机械设备
霸州	廊坊	金属玻璃家具	钢铁深加工、整体厨房、物流仓储
高碑店	保定	新型建材、汽车零部件	装配式混凝土、新型建材、建筑运输零部件
怀来	张家口	太阳能	建筑太阳能设备
兴隆	承德	钢铁、水泥	钢结构、装配式混凝土结构
香河	廊坊	家具集散	家具、建筑装配集成
大厂	廊坊	新型材料、物流仓储	建筑施工、新型建材、物流仓储
遵化	唐山	钢铁、装备制造	钢结构、建筑机械设备
玉田	唐山	电子元器件	智能家居
丰南	唐山	钢铁、陶瓷	钢结构、整体卫浴

第四节　全省装配式建筑产业分级研究

一、综合性生产基地

综合性生产基地布局在石家庄市。石家庄市在全省装配式建筑工作中具有现状基础较好、市场前景广阔、综合优势明显、配套政策完善等优势，以装配式建筑科技创新为基本定位，重点对接北京和天津科技资源，搭建设计研发和智慧管理平台，兼顾装配式混凝土、钢结构、现代木结构和混合结构的全产业链核心技术研发和协同发展，辐射带动全省。

二、区域性生产基地

依托唐山钢铁产业优势突出、交通区位优越、经济社会发展水平较高等特点，规划定位为装配式建筑区域性生产基地。重点发展钢结构建筑，积极发展装配式混凝土建筑，借助区域内良好的现代木结构、陶瓷、型材等产业基础，发展现代木结构建筑、建筑部品、整体厨卫等，形成相关产业集聚区，重点服务京津冀北部以及东北地区。

依托邯郸丰富的产业基础、试点基地、广阔的市场辐射以及农村试点经验等诸多优势，规划定位为装配式建筑区域性生产基地。重点发展钢结构建筑、装配式混凝土建筑和配套部品部件，积极发展农村装配式低层住宅，服务河北省南部地区，辐射相邻地区。

在冀南地区和冀东地区分别布局一处区域性生产基地，冀南地区的区域性生产基地位于邯郸市，冀东地区的区域性生产基地位于唐山市。

邯郸在全省区域性生产基地选址中具有产业优势明显、基地建设基础良好、辐射地域广阔、市场前景巨大等诸多优势，并且在装配式混凝土部品部件生产、钢结构、木结构等多个领域都有发展基础和原料优势，因此作为区域性综合基地。规划定位为服务于河北省南部，并辐射晋鲁豫相邻地区，集装配式混凝土部品部件、钢结构及其他产品于一体的区域性综合生产基地。

唐山作为京津冀城市群东北部副中心城市，具有钢铁产业优势突出、交通区位优越、经济社会发展水平较高等特点，可重点发展重钢结构和轻钢生产；同时该市还具备良好的木结构、陶瓷、型材等产业基础，发展前景良好。规划定位为河北省东部地区的装配式建筑生产及示范基地，辐射京津冀北乃至东北地区，以钢结构为主导、建筑装配集成协同发展的区域性专业生产基地。

三、自给性生产基地

自给性生产基地是以装配式混凝土部品部件和钢构件为主要产品的生产基地，辐射范围为半径在150km之内的本市及周边地区，作为综合性和区域性生产基地的有效补充。主要分布于张家口、秦皇岛、沧州、衡水、邢台、定州、辛集。

四、环京津装配式建筑综合服务环基地

在京津周边装配式建筑综合服务环上分布的若干特色产业节点基地中，选取产业基础良好、产品优势突出、发展潜力巨大的中小城市作为服务京津生产流通基地。这类基地主要包括承德、廊坊、保定。

承德、廊坊、保定，充分利用毗邻京津的区位优势和产业基地，通过科学规划引导产业发展、通过园区承载实现产业集聚，逐步充实服务京津装配式建筑的综合服务环，积极承接北京装配式建筑产业转移。

霸州立足良好的钢铁深加工、金属玻璃家具生产以及良好的交通区位优势，应大力发展整体厨房、装配式建筑物流仓储等相关产业。

高碑店具有良好的新型建材、汽车零部件等产业基础，并拥有装配式混凝土生产线，未来可着重发展装配式混凝土部品部件、新型建材、建筑机械零部件等产品。

大厂是北京周边距离北京最近的中小城市，依托其既有产业基础和承载大量技术工人居住的有利条件，可重点发展新型建材、物流仓储、建筑施工等产业和服务门类。

丰南的钢铁、陶瓷产业优势十分突出，未来应重点突出重钢结构、轻钢构建、整体卫浴等产品的区域影响力，打造成为对接京津的装配式建筑特色示范区（表8-2、图8-2）。

河北省全省装配式建筑产业基地等级结构 表8-2

产业基地等级	空间布局
综合性生产基地	石家庄
区域性生产基地	唐山、邯郸
自给性生产基地	张家口、秦皇岛、沧州、衡水、邢台、定州、辛集
环京津装配式建筑综合服务环基地	承德、保定、廊坊

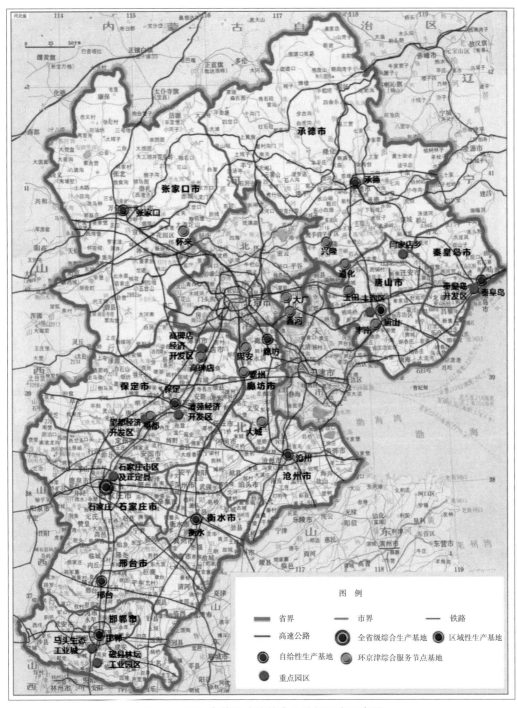

图 8-2　河北省装配式建筑产业分级研究示意图

装配式建筑标准化体系建设研究

第一节 装配式建筑标准体系的背景和发展趋势

一、装配式建筑标准建设发展现状

建筑标准化，是指用现代工业的生产方式来建造房屋，是为了促进最佳的全面经济管理，为有秩序的推行建筑工业化而制定的一套统一措施和统一规定。建筑标准化的目的是合理利用原材料，促进构配件的通用性和互换性，实现建筑工业化，以取得最佳经济效果。建筑标准化要求建立完善的标准化体系，其中包括建筑构配件、零部件、制品、材料、工程和卫生技术设备以及建筑物和它的各部位的统一参数，从而实现产品的通用化、系列化。建筑标准化工作还要求提高建筑多样化的水平，以满足各种功能的要求，适应美化和丰富城市景观并反映时代精神和民族特色的需要。其内容包括三个方面，即建筑设计标准化、构配件生产工厂化、施工机械化。建筑标准化是建筑工业化的组成部分之一，也是建筑工业化的前提。

建筑标准化一般包括两项内容：其一是建筑设计方面的有关条例，如建筑法规、建筑设计规范、建筑标准、定额与技术经济指标等；其二是推广标准设计，标准设计包括构配件的标准设计、房屋的标准设计和工业化建筑体系设计等。

1. 标准构件与标准配件

标准构件是房屋的受力构件，如楼板、梁、楼梯等；标准配件是房屋的非受力构件，如门窗、装修做法等。标准构件与标准配件一般由国家或地方设计部门进行编制，供设计人员选用，同时也为加工生产单位提供依据。标准构件一般用"G"来代表；标准配件一般用"J"来表示。

2. 标准设计

标准设计包括整个房屋的设计和单元的设计两个部分。标准设计一般由地方设计部门进行编制，供建设单位选择使用。

整个房屋的标准设计一般只进行地上部分设计，而地下部分的基础与地下室，由设计单位根据当地地质勘探资料另行设计。单元的标准设计一般指平面图的一个组成部分，应用时将其进行拼接，形成一个完整的建筑组合体。标准设计在大量建筑的房屋中应用比较普遍，如住宅、托儿所、中小学等。

3. 工业化建筑体系

为了适应建筑工业化的要求，除考虑将房屋的构配件及水电设备等进行定型化外，还应该对部品部件生产、运输、施工现场吊装乃至组织管理等一系列问题进行通盘设计，作出统一的规划，这就是工业化建筑体系。如大模板住宅建筑体系、装配式大板住宅建筑体系等。工业化建筑体系又可分为以构配件定型为主的通用建筑体系和以房屋定型为主的专用建筑体系两种。

建筑业现代化不仅仅是主体结构的工业化，或是施工过程的产业化，而应当是在形成技术标准体系的基础上，协同推进建筑全产业链的整合与发展，即包括材料、设备、设计、施工、安装等从上游至下游全产业链的产业化和标准化发展。推进装配式建筑过程中需要加强标准化建设，取得规模效应。在装配式建筑的发展过程中，标准设计师确保设计、施工、生产、安装流畅规范，推动装配式建筑全面、协调、持续发展的重要技术支撑。应在装配式建筑国家建设标准设计体系的范围内发展创新，逐步推动形成全国统一的装配式建筑通用体系。

就标准体系建立而言，国家及行业层面侧重于通用标准体系的建立，学习丹麦、瑞典、日本等先进的标准体系建设经验，重视立法，重视用适宜的系统性的通用标准来约束和引导装配式建筑的全体系建设，促进住宅产业的市场化选择和社会化集成。

标准化体系的建立是装配式建筑的基础，标准化的重要手段就是建立模数制度。只有建立了住宅体系及部品、构配件的协调制度，加快建立住宅的标准规范体系，才能建立住宅产业技术保障体系，从而提高施工效率，保证住宅品质。大力推广适合工业化的建筑体系，为标准化部品的应用创造了条件，推动住宅的集成化生产，且开辟工业化住宅装修道路，提升住宅装修的质量和水平。

二、国外装配式建筑标准体系概览

1. 德国基于全产业链的标准技术体系

在研发、设计、生产、施工、运营及维护全产业链的基础上，得以让德国演化出了一套完整规范的技术体系路线，由上至下包括了技术法规、技术标准、企业标准以及辅助材料四大标准体系。其中技术法规方面主要为《德国建筑法》、《建筑土地使用条例》、《图纸设计符号条例》三大建筑公法，在技术标准方面主要运用由德国标准化研究协会编制的 DIN、DIBt 和 VOB 三大参考规程辅助设计和招投标，而类似 Hafen、Doka、Filigran 公司等则形成了适用于各自部品部件的企业标准。如此完善的技术体系，保证德国建筑工业化可以在全产业链各个环节稳定发展。

2. 日本住宅建设标准化的技术体系

日本主要推广的是住宅建筑标准化。制定了"住宅性能标准"、"住宅性能测定方法和住宅性能等级标准"以及"施工机具标准"、"设计方法标准"等。目前日本各类住宅部件（构配件、制品设备）工业化、社会化生产的产品标准十分齐全，占标准总数的 80% 以上，部件尺寸和功能标准都已成体系。只要厂家是按照标准生产出来的构配件，在装配建筑物时都是通用的。所以，生产厂家不需要面对施工企业，只需将产品提供给销售商即可。

例如：SANGETSU 公司，这是日本国内最大的住宅部件和装饰材料销售厂家之一，已有50 年经营历史，1999 年的销售额为 130 亿日元。该公司是一家"没有工厂的销售商"。公司虽拥有自己的品牌，有 7000 多种产品，但它没有加工工厂，而是由各产品生产商为公司提供产品。公司要做的是将不同种类的产品部件和材料集成，提供系统的配套供应和服务。承建商建房，可由该公司提供产品，或由公司根据承建商要求，委托生产厂家生产。

作为日本住宅建设标准化体系的延伸，日本的 PCa 工法起到了非常重要的作用。表 9-1 是几种预制组装结构的标准表。

日本装配式建筑部分预制结构标准　　　　　　　表 9-1

标准名称	发行年份	发行单位
2011 年国土交通省告示第 1026 号（壁式钢筋混凝土建筑或者与建筑物结构部分的构造方法相关的必要安全技术标准的讲述部分）	2001	国土交通省
建筑物的结构相关技术标准解说书	2001	国土交通省
预制建筑技术集成第 2 册 W-PC 的设计	2003	预制装配建筑协会
壁式钢筋混凝土建筑设计施工指南	2003	日本建筑中心
钢筋混凝土结构计算标准及解说	1999	日本建筑学会
壁式结构相关设计标准及结果（壁式钢筋混凝土建筑篇）	1997	日本建筑学会
壁式预制钢筋混凝土建筑设计标准及解说	1982	日本建筑学会
建筑工程标准说明书及解说 JASS10 预制混凝土工程	2003	日本建筑学会
壁式预制结构竖向结合部的工作状况和设计方法	1989	日本建筑学会
壁式构造配筋指南	1987	日本建筑学会
预制钢筋混凝土结构设计与施工	1986	日本建筑学会
建筑抗震设计的保有承载力与变形能力	1990	日本建筑学会
预制钢筋混凝土结构的设计与施工	1986	日本建筑学会

3. 瑞典工业化标准（SIS）

从 20 世纪 50 年代开始，在法国的影响下推行建筑工业化政策，并有民间企业开发了大型混凝土预制板的工业化体系，以后大力发展以通用部件为基础的通用体系，建筑部件规格化都纳入了瑞典工业化标准（SIS）。瑞典颁布的一系列标准见表 9-2。

瑞典工业化标准（SIS）　　　　　　　表 9-2

年份	标准名称
1960	"浴室设备配管"标准
1962	"门扇框"标准
1967	"主体结构平面尺寸"标准、"楼梯"标准
1968	"公寓式住宅竖向尺寸"、"隔断"标准
1969	"窗扇、窗框"标准
1970	"模数协调基本原则"
1971	"厨房水槽"标准等

目前瑞典的新建住宅中，采用通用部件的住宅占80%以上。瑞典建筑工业化特点：在完善的标准体系基础上发展通用部件；将模数协调的研究作为基础工作，形成"瑞典工业标准"（SIS），实现了部品尺寸、对接尺寸的标准化与系列化。

4. 美国HUD标准

为了促进工业化住宅的发展，出台了很多法律和一些产业政策，最主要的就是HUD技术标准。HUD是美国联邦政府住房和城市发展部的简称，其颁布的美国工业化住宅建设和安全标准，简称HUD标准，是唯一的国家级建设标准，对设计、施工、强度和持久性、耐火、通风、抗风、节能和质量进行了规范。HUD标准中的国家工业化住宅建设和安全标准还对所有工业化住宅的采暖、制冷、空调、热能、电能、管道系统进行了规范。

5. 新加坡易建性评分标准体系

对于住宅建设的评价制度为易建性评分标准体系。

易建性计分要求：一个项目的易建性计分由三部分组成：第一部分——结构体系（最高50分），根据所用结构体系评分；第二部分——墙体体系（最高40分），根据所用墙体体系评分；第三部分——其他易建设计特点（最高10分），根据标准化、模数尺寸和预制部品部件的使用评分。

易建设计评分体系是BCA提出的，用来考核建筑设计对劳动力使用的影响。评分体系反映在易建性计分值上。易建性计分值越高，施工时消耗劳动力越少。低于最低计分值的设计，建设局不会批准图则。

第二节　国内装配式建筑标准化发展展望

一、标准体系

我国装配式建筑起步较晚，国内装配式建筑现代化企业标准体系呈多样化，各家的结构体系及企业标准不同，各自为政，各自保护，产品只实现自己企业内部的标准化，而没形成市场的通用化。各地相继出台政策鼓励装配式建筑的应用，但是能够全面指导设计、生产、施工的技术文件严重缺乏，各地研发形成多种结构体系，缺乏通用性，不利于产业化发展；行业普遍存在工作流程繁杂、部品部件种类多、标准化程度低；没有形成全国通用的构配件标准体系，构配件通用性差、工业化程度低、生产质量参差不齐；现有标准规范缺乏配套技术文件支撑，不能有效落地，设计、施工、部品部件加工等各环节都有技术盲点，造成安全隐患等。

目前的情况是，国家、地方和行业标准编制相对滞后，尚未形成完备的技术标准体系。2015年6月1日，我国首个装配式建筑国家建筑标准设计体系向社会公开了第一批设计图集，该套图集主要针对装配式混凝土剪力墙结构住宅而编制。2015年8月27日，国家标准《工业化建筑评价标准》正式发布，这也是国家层面首次对工业化建筑进行比较清晰的定义界定，该标准已于2016年5月1日起实施。目前国家已发布或在编的主要标准规范如下所示：

《建筑工业化国家建筑标准设计体系》；

《预制装配整体式钢筋混凝土结构技术规范》（SJG 18-2009）；

《装配整体式混凝土住宅体系设计规程》（DG/TJ 08-2071-2010）；

《预制装配整体式房屋混凝土剪力墙结构技术规范》（DB 23T/ 1400-2010）；

《预制装配钢筋混凝土外墙技术规程》（SJG 24-2012）；

《装配式混凝土结构技术规程》（JGJ 1-2014）；

《混凝土结构工程施工质量验收规范》（GB 50204-2015）；

《钢筋套筒灌浆连接应用技术规程》（JGJ 355-2015）；

《工业化建筑评价标准》（GB/T 51129-2015）等。

最近几年，全国各省市地区陆续出台了超过70项地方标准，涉及设计、部品部件生产、施工、质量验收等环节，建筑工业化国家建筑标准设计体系和第一批标准设计已经发布，其余标准设计正在编制中，为建筑工业化工作提供了技术参考。

北京市将这项工作作为重点工作之一。推广应用4类产业化住宅结构体系：第一类为装配式钢筋混凝土结构，包括框架结构、剪力墙结构、框架剪力墙结构、框架筒体结构等；第二类为钢结构；第三类为轻型钢结构；第四类为其他符合产业化住宅标准的结构体系。推广应用6类预制部品：第一类为非砌筑类型的建筑内、外墙板；第二类为满足建筑装饰用的制品；第三类为预制钢筋混凝土部品部件，包括楼梯、叠合楼板、阳台、雨篷等；第四类为预制主体结构构件，包括框架柱、框架梁和次梁、抗震墙板、连梁等；第五类为钢结构和轻型钢结构用的构配件；第六类为其他符合标准化设计、工厂加工、现场安装条件的建筑部品。推广住宅一次性装修到位：一是对产业化住宅项目，100%施行一次性装修到位；二是对实施产业化的保障性住房项目，装修应符合《北京市廉租房、经济适用房及两限房建设技术导则》要求；三是提倡采用土建、装修设计施工一体化，在主体结构设计阶段统筹完成室内装饰设计；四是建立和完善全装修质量技术标准，强化全装修住宅建设过程的质量监管，住宅装修必须由具有相关资质的专业装饰装修企业进行施工，并由第三方进行监理；五是提倡采用SI分离体系。推广应用包括节能及新能源技术、整体厨卫技术、生态环境保障技术、管网技术与智能化技术等的装配式建筑成套技术。从事产业化住宅工程设计的单位，应严格按照国家、行业和北京市颁行的规范、规程、标准和规定执行，切实保证设计文件的质量；对建筑外墙挂板、非砌筑类型的建筑内墙板等各类预制构配件产品，生产企业应提供全套符合国家、行业和北京市规定的产品说明书和相关的技术参数、使用要求、使用条件等说明。北京市力争3年内初步形成产业化住宅地方标准体系，包括设计、部品生产、施工、物流和验收标准。

上海市在文件中提出，加强科研，推进成套技术集成应用。增加装配式建筑的科研投入，建立全市装配式建筑科研平台，培育装配式建筑研究机构，加快突破技术瓶颈，注重使用技术的集成应用，提高住宅整体质量。重视模数协调标准的研究，逐步完成装配整体式混凝土框架和剪力墙结构、钢结构等结构体系，大力推进材料部品化，加快围护结构、厨卫、装修等部品体系的建立，加快形成相关的设计、验收标准以及图集、工法，加快开放应用相关设计分析软件。着力推进住宅全装修，实现土建和装修的一体化，并倡导工业化装修方式。研究推进内装修和主体结构分离的方式，提高住宅的可改造性和耐久性。

深圳市提出推动技术发展，形成解决方案。积极推行产业化住宅设计的标准化、模数化、精细化和适老化，逐步建立产业化住宅建造全过程的技术标准规范体系。推行部品部件工厂化生产，完善产业化住宅各类部品部件标准，推行预制装配式混凝土结构和钢结构配套部品部件的运用，推广成品门窗、成品阳台栏杆、预制内隔墙条板、保温隔热、整体卫浴、橱柜收纳等装修装饰部品以及水、电、空调等专业集成部品的使用。推广现场装配化施工。推广装配式混凝土结构、钢结构以及其他符合装配式建筑标准、技术规范的建筑体系，建立产业化住宅施工定额体系。推进住宅一次性装修到位，采用菜单式和集体委托方式提供全装修成品房，采用土建、装修设计与施工的一体化。

江苏省编制《江苏省装配式建筑技术发展导则》，研究制定基础性通用标准、标准设计和计价定额，构建部品与建筑结构相统一的模数协调系统。实现建筑部品、住宅部品、构配件系列化、标准化、通用化。

福建省提出健全装配式建筑的技术标准和计价定额，明确建筑工业化建造方式的基本要求，推进部品部件标准化、模数化、通用化研究，建立部品部件认证制度。总结装配式建筑试点管理经验，探索、建立部品部件生产、施工质量和现场安全监督管理机制。

湖南省提出成立湖南省装配式建筑标准化技术委员会，实现装配式建筑从设计、生产到装配的全过程标准化管理。组织开展装配式建筑领域的国际标准、行业标准和地方标准制定意见的提出及标准宣贯（表9-3）。

装配式建筑地方标准情况汇总（部分） 表9-3

序号	地区	具体名称	文号
1	北京	装配式剪力墙住宅建筑设计规程	DB11/T 970-2013
		预制混凝土构件质量检验标准	DB11/T 968-2013
		装配式混凝土结构工程施工与质量验收规程	DB11/T 1030-2013
		装配式剪力墙住宅结构设计规程	DB11/T 1003-2013
2	天津	装配整体式混凝土结构技术规程	DBQ29-74-2014
		混凝土叠合楼盖装配整体式建筑技术规程	DBQ29-80-2014
		钢结构模块建筑应用技术规程	DBQ29-87-2014
3	上海	装配整体式混凝土住宅体系设计规程	DG/TJ08-2071-2010
		装配整体式住宅混凝土构件制作、施工及质量验收规程	DG/TJ08-2069-2010
		装配整体式混凝土结构施工及验收规范	DGJ08-2117-2012
		《上海市建筑和装饰工程预算定额（2000）》装配式建筑补充预算定额	
		住宅设计标准	DGJ08-20-2013，J10090-2014
		住宅建筑绿色设计标准	DGJ08-2139-2014，J12621-2014
		公共建筑绿色设计标准	DGJ08-2143-2014，J12671-2014
		装配整体式混凝土公共建筑设计规程	DGJ08-2154-2014，J12874-2014
4	重庆	装配式混凝土住宅建筑结构设计规程	DBJ50-193-2014
		装配式住宅建筑设备技术规程	DBJ50/T-186-2014
		装配式混凝土住宅构件生产与验收技术规程	DBJ50/T-190-2014
		装配式混凝土住宅结构施工及质量验收规程	DBJ50/T-192-2014
		装配式住宅构件生产和安装信息化技术导则	DBJ50/T-191-2014

序号	地区	具体名称	文号
5	河北	约束混凝土柱组合梁框架结构技术规程	CECS 347 : 2013
		装配整体式混凝土剪力墙结构设计规程	DB13(J)/T179-2015
		装配式混凝土构件制作与验收标准	DB13(J)/T181-2015
		装配式混凝土剪力墙结构施工与质量验收标准	DB13(J)/T182-2015
		装配式混凝土剪力墙结构建筑与设备设计规程	DB13(J)/T180-2015
6	内蒙古	FS外模板现浇混凝土复合保温系统应用技术规程	DBJ03-53-2014
		拼装式建筑用加强板	DBJ03-37-2014
7	黑龙江	HS-ICF外墙外保温建筑节能体系技术规程	DB23/1167-2007
		EPS模块外保温工程技术规程	DB23/1350-2011
		HS-EPS模块轻钢结构建筑节能体系技术规程	DB23/T1355-2009
		HS-EPS模块钢筋混凝土框架结构建筑节能体系技术规程	DB23/T1356-2009
		EPS模块钢结构工业建筑节能体系技术规程	DB23/T1390-2010
		EPS模块钢筋混凝土芯柱结构建筑节能体系技术规程	DB23/T1391-2010
		EPS模块混凝土剪力墙结构体系技术规程	DB23/T1454-2011
		预制装配整体式房屋混凝土剪力墙结构技术规范	DB/T1400-2010
8	吉林	预制钢筋混凝土复合保温外墙挂板技术规程	DB22/T1039-2011
		装配整体式混凝土剪力墙结构体系居住建筑技术规程	DB22/T1779-2013
		成品住宅室内装修标准	DB22/JT128-2014
9	山东	装配整体式混凝土结构设计规程	DB37/T 5018-2014
		装配整体式混凝土结构工程施工与质量验收规程	DB37/T 5019-2014
		装配整体式混凝土结构工程预制构件制作与验收规程	DB37/T 5020-2014
10	安徽	无比钢结构技术规程	DB34/T 647-2006
		叠合板式混凝土剪力墙结构技术规程	DB34/T 810-2008
		太阳能利用与建筑一体化技术标准	DB34/T 854-2008
		钢管混凝土结构技术规程	DB34/T 1262-2010
		住宅装饰装修验收标准	DB34/T 1264-2010
		叠合板式混凝土剪力墙结构施工及验收规程	DB34/T 1468-2011
		建筑节能门窗应用技术规程	DB34/T 1589-2012
		太阳能热水系统与建筑一体化技术规程	DB34/T 1801-2012
		装配整体式剪力墙结构技术规程（试行）	DB34/T 1874-2013
		高层钢结构住宅技术规程	DB34/T 5001-2014
11	浙江	装配式混凝土板式楼梯（一）	2014浙G40
12	福建	福建省预制装配式混凝土结构技术规程	闽建科[2015]16号
		预制混凝土构件制作与质量检验标准	XJQ01-2014
		预制混凝土框架结构施工与质量验收标准	XJQ02-2014
		自保温防潮石膏砌块外墙技术规程	XJQ03-2014
13	湖南	混凝土叠合楼盖装配整体式建筑技术规程	DBJ43/T301-2013
		多层装配式混凝土结构技术规程	
14	广东	钢筋陶粒混凝土轻质墙板	JC/T 2214-2014
		改性无机粉复合建筑饰面片材	JC/T 2219-2014
15	贵州	钢丝网架夹芯整体墙技术规程	DBJ/T 52-066-2014
16	四川	建筑工业化混凝土预制构件制作安装及质量验收规程	DBJ/T008-2012
		装配整体式住宅建筑设计规程	
		装配整体式混凝土结构设计规程	川建标发[2014]105号
		保温装饰复合板应用技术规程	川建标发[2014]367号

续表

序号	地区	具体名称	文号
16	四川	建筑节能工程施工质量验收规程（强制性）	川建标发 [2014]390 号
		建筑工程绿色施工评价与验收规程	川建标发 [2014]283 号
		预应力结构设计与施工技术规程	川建标发 [2014]506 号
		混凝土结构工程施工工艺规程	川建标发 [2014]641 号
17	陕西	卫生间模块化同层排水节水系统应用技术规程	陕建发 [2013]228 号
		装配整体式混凝土结构技术规程（暂行）	DBJ61/T 87-2014
		装配式复合墙结构技术规程	DBJ61/T 94-2015

二、国内装配式建筑标准化体系建设展望

2015 年 5 月 29 日，住房和城乡建设部印发"装配式建筑国家建筑标准设计体系"通知，并发布 2015 年国家建筑标准设计编制工作计划，以期推动我国装配式建筑发展，进一步加强装配式建筑设计标准化工作。体系包括内装、主体、外围护三大块内容（图 9-1）。

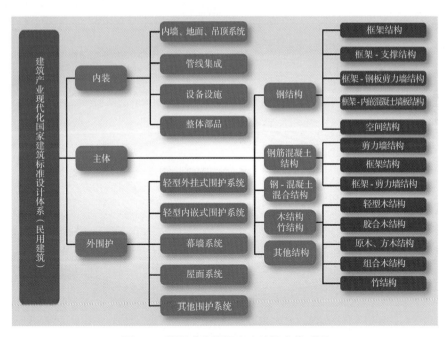

图 9-1　装配式建筑国家建筑标准体系图

其中，主体部分包括钢筋混凝土结构 24 个（设计指导类 6 个，施工指导类 3 个，构件及构造类 15 个），钢结构 20 个（设计指导类 9 个，施工指导类 2 个，构件及构造类 15 个），钢 - 混凝土混合结构 8 个（设计指导类 3 个，施工指导类 2 个，构造类 3 个），木结构、竹结构 18 个（设计指导类 3 个，施工指导类 2 个，构件及构造类 13 个）。内装部分 16 个（设计指导类 2 个，施工指导类 1 个，部品及构造类 13 个）。外围护部分 29 个（设计指导类 2 个，部品及构造类 27 个）。共计标准 115 个。标准将在 2016 ~ 2017 年陆续编制完成（表 9-4 ~ 表 9-9）。

装配式建筑钢筋混凝土结构体系标准

表 9-4

分类				名称	编制状态
标准设计类型分类	建筑功能分类	结构类型分类	专业分类		
设计指导类	住宅公建	通用	建筑结构设备	全国民用建筑工程设计技术措施装配式建筑专篇——装配式混凝土结构设计（分册一：剪力墙结构住宅；分册二：框架结构、框架 - 剪力墙结构、框架 - 核心筒结构住宅及公建）	在新编
				装配式混凝土结构工程施工图设计文件深度图样	待新编
			建筑	装配式混凝土结构住宅建筑设计示例（剪力墙结构）	15J939-1
				装配式混凝土结构公共建筑设计示例（框架结构、框架 - 剪力墙结构、框架 - 核心筒结构）	待新编
			结构	装配式混凝土结构表示方法及示例（分册一：剪力墙结构）（分册二：框架结构、框架 - 剪力墙结构、框架 - 核心筒结构）	15G107-1 待新编
	住宅	通用	建筑	装配式住宅建筑设计规程图示	待新编
施工指导类	住宅公建	通用	结构	全国民用建筑工程设计技术措施装配式建筑专篇——装配式混凝土结构施工（分册一：剪力墙结构住宅；分册二：框架结构、框架 - 剪力墙结构、框架 - 核心筒结构住宅及公建）	在新编
				装配式混凝土结构施工工法图解（分册一：剪力墙结构；分册二：框架结构、框架 - 剪力墙结构、框架 - 核心筒结构）	在新编
				装配式混凝土结构工程施工示例	在新编
构件及构造类	住宅	剪力墙结构	建筑结构	预制构件选用目录	在新编
				预制混凝土剪力墙外墙板	15G365-1
				预制混凝土剪力墙内墙板	15G365-2
	住宅公建	框架结构、框架 - 剪力墙结构、框架 - 核心筒结构	结构	预制构件选用目录	待新编
				预制混凝土框架柱	待新编
				预制混凝土梁	待新编
	住宅公建	通用	结构	装配式混凝土结构连接节点构造（分册一：楼盖和楼梯）（分册二：剪力墙）（分册三：框架）	15G310-1 15G310-2 在新编
				预应力混凝土叠合板	06SG439
				预制带肋混凝土叠合楼板	14G433
				桁架钢筋混凝土叠合板（60mm 厚底板）	15G366-1
				预制钢筋混凝土板式楼梯	15G367-1
				预制钢筋混凝土阳台板、空调板及女儿墙	15G368-1
				钢筋焊接网混凝土楼板与剪力墙构造详图	04SG309 在修编
	住宅	通用	建筑结构	低层装配式混凝土住宅	待新编
				农村装配式混凝土住宅	待新编

装配式建筑钢结构体系标准　　　　　　　　　　　　　　　　　表 9-5

分类				名称	编制状态
标准设计类型分类	建筑功能分类	结构类型分类	专业分类		
设计指导类	住宅公建	通用	建筑结构	全国民用建筑工程设计技术措施（钢结构设计）	在新编
	住宅公建		结构	钢结构设计制图深度和表示方法	03G102
	住宅公建		结构	钢结构施工图参数表示方法制图规则和构造详图	08SG115-1
	住宅公建		结构	钢结构设计与示例（分册一：框架结构；分册二：框架 - 支撑结构；分册三：框架 - 钢板剪力墙结构；分册四：框架 - 内嵌混凝土墙板结构；分册五：空间结构）	待新编
	住宅		建筑	钢结构住宅	05J910-1/2
施工指导类	住宅公建	通用	结构	全国民用建筑工程设计技术措施（钢结构施工）	待新编
				钢结构施工工法图解	待新编
构件及构造类	住宅公建	框架结构、框架 - 支撑结构、框架 - 钢板剪力墙结构、框架 - 内嵌混凝土墙板结构、交错桁架	建筑结构	钢构件选用目录	在新编
				钢支撑	待新编
				钢板剪力墙	待新编
				预制混凝土内嵌墙板	待新编
				交错桁架	待新编
	住宅公建	通用	结构	多、高层建筑钢结构节点构造详图	01SG519 在修编
				多、高层建筑钢结构节点连接（分册一：次梁与主梁的简支螺栓连接；分册二：主梁的栓焊拼接）	03SG519-1 04SG519-2 在修编
				多、高层建筑钢结构节点（主梁的全栓拼接）	在修编
				钢楼梯	待新编
				钢结构住宅阳台	待新编
				组合楼盖（分册一：钢与混凝土组合楼（屋）盖结构构造）（分册二：钢筋桁架楼承板 - 混凝土楼板）	05SG522 在新编
			建筑结构	钢雨棚	07SG528-1 07J501-1
	住宅	通用	建筑结构	轻钢结构住宅	待新编

装配式建筑钢 - 混凝土混合结构体系标准　　　　　　　　　　　　　　　表 9-6

分类				名称	编制状态
标准设计类型分类	建筑功能分类	结构类型分类	专业分类		
设计指导类	公建	通用	建筑结构	全国民用建筑工程设计技术措施（钢—混凝土混合结构设计）	待新编
			结构	钢—混凝土混合结构设计示例	待新编
			建筑	钢—混凝土混合结构建筑设计示例	待新编
施工指导类	公建	通用	结构	全国民用建筑工程设计技术措施（钢—混凝土混合结构施工）	待新编
				钢—混凝土混合结构施工工法图解	待新编
构造类	公建	通用	结构	钢—混凝土混合结构节点构造详图	待新编
	公建	通用	结构	钢管混凝土结构构造	06SG524
	公建	通用	结构	型钢混凝土组合结构构造	04SG523

装配式建筑木结构、竹结构体系标准　　　　　　　　　　　　　　　　表 9-7

分类				名称	编制状态
标准设计类型分类	建筑功能分类	结构类型分类	专业分类		
设计指导类	住宅公建	通用	建筑结构设备	全国民用建筑工程设计技术措施装配式建筑专篇——现代木结构设计、竹结构设计（第一分册：现代木结构；第二分册：竹结构）	待新编
			建筑	装配式木结构、竹结构设计示例（第一分册：现代木结构；第二分册：竹结构）	待新编
			结构	装配式木结构、竹结构结构计算	待新编
施工指导类	住宅公建	通用	结构	全国民用建筑工程设计技术措施装配式建筑专篇——木结构、竹结构施工（第一分册：现代木结构；第二分册：竹结构）	待新编
			结构	木结构、竹木结构施工工法图解（第一分册：现代木结构；第二分册：竹木结构）	待新编
构件及构造类	住宅公建	通用	建筑结构	建筑制品与构件选用目录（木结构、竹结构）	待新编
			建筑结构	木骨架组合墙体	待新编
		通用	建筑	木结构建筑	14J924
			建筑	胶合木结构建筑	待新编
			建筑	原木、方木结构建筑	待新编
			建筑	木结构组合建筑	待新编
			建筑	竹结构建筑	待新编
			建筑	木楼梯、竹楼梯	待新编
			建筑	木结构住宅阳台、露台	待新编
			建筑	竹结构住宅阳台、露台	待新编
			建筑	木雨篷、竹雨篷	待新编
			建筑	木结构景观（亭、廊、架、滨水工程、座椅）	待新编
			建筑	竹结构景观（亭、廊、架、滨水工程、座椅）	待新编

装配式建筑内装体系标准 表 9-8

分类				名称	编制状态
标准设计类型分类	建筑功能分类	结构类型分类	专业分类		
设计指导类	住宅公建	钢筋混凝土结构、钢结构、钢 - 混凝土混合结构	建筑	全国民用建筑工程设计技术措施装配式建筑专篇——内装工业化设计	待新编
施工指导类	住宅公建	钢筋混凝土结构、钢结构、钢 - 混凝土混合结构	建筑	全国民用建筑工程设计技术措施装配式建筑专篇——内装工业化施工	待新编
部品及构造类	住宅	钢筋混凝土结构、钢结构	建筑设备	住宅内装工业化部品选用目录	待新编
	住宅	钢筋混凝土结构、钢结构、木结构	建筑设备	整体厨房	待新编
			建筑设备	整体卫浴间	待新编
			建筑	住宅整体收纳	待新编
	住宅公建	钢筋混凝土结构、钢结构、钢 - 混凝土混合结构	建筑	装配式室内墙面、内隔墙	待新编
			建筑	装配式室内吊顶	待新编
			建筑	装配式室内楼（地）面	待新编
			建筑	门窗	待修编
			设备	管线集成或设备设施	待新编
	住宅	钢筋混凝土结构、钢结构	建筑	住宅室内成品楼梯	待新编
	住宅公建	钢筋混凝土结构、钢结构、钢 - 混凝土混合结构	建筑	楼梯栏杆栏板	在修编
	住宅	钢筋混凝土结构、钢结构	建筑	住宅排气道	07J916-1 在修编
	住宅公建	钢筋混凝土结构、钢结构、钢 - 混凝土混合结构	建筑	电梯、自动扶梯、自动人行道	13J404

装配式建筑外围护体系标准 表 9-9

分类				名称	编制状态
标准设计类型分类	建筑功能分类	结构类型分类	专业分类		
设计指导类	住宅公建	钢筋混凝土结构、钢结构、钢 - 混凝土混合结构	建筑	全国民用建筑工程设计技术措施装配式建筑专篇——建筑外围护结构设计	待新编
				建筑外围护工业化设计示例	待新编
部品及构造类	住宅公建	钢筋混凝土结构、钢结构、钢 - 混凝土混合结构	建筑	轻质墙体建筑构造	待新编

续表

分类				名称	编制状态
标准设计类型分类	建筑功能分类	结构类型分类	专业分类		
部品及构造类	住宅公建	钢筋混凝土结构、钢结构、钢-混凝土混合结构	建筑	建筑外遮阳	14J506-1
			建筑	建筑幕墙通用技术要求及构造	13J103-1
			建筑	构件式玻璃幕墙	13J103-2
			建筑	点支承玻璃幕墙、全玻幕墙	13J103-3
			建筑	单元式幕墙	13J103-4
			建筑	金属板幕墙	13J103-5
			建筑	石材幕墙	13J103-6
			建筑	人造板材幕墙	13J103-7
			建筑	双层幕墙	07J103-8
			建筑	玻璃采光顶	07J205
			建筑	预制混凝土外墙挂板	08SJ110-2 在修编
			建筑	挑檐板及屋面架空隔热板	待新编
			建筑	外墙内保温建筑构造	11J122
			建筑	平屋面建筑构造	12J201
			建筑	坡屋面建筑构造（一）	09J202-1
			建筑	种植屋面建筑构造	14J206
			建筑	绿色建筑应用技术图示	在新编
			建筑设备	太阳能集中热水系统选用与安装 太阳能热水器选用与安装 热水器选用与安装	06SS128 在修编 06J908-6 08S126
			建筑设备	建筑太阳能光伏系统设计与安装 建筑一体化光伏系统电气设计与施工	10J908-5 15D202-4
	公建	钢筋混凝土结构、钢结构、钢-混凝土混合结构	建筑	压型金属板建筑构造	08J925-1 在修编
			建筑	金属夹芯板建筑构造	08J925-2 在修编
			建筑	变形缝建筑构造	14J936
	公建住宅	钢筋混凝土结构、钢结构、钢-混凝土混合结构	建筑设备	轻型板材系列图集	待新编

三、装配式建筑现行主要标准介绍

为了贯彻落实《国务院关于进一步加强城市规划建设管理工作的若干意见》和《国务院办公厅关于大力发展装配式建筑的指导意见》（国办发 [2016]71 号），健全装配式建筑标准规范体系，住房和城乡建设部于 2017 年 1 月 10 日同时发布了国家标准《装配式木结构建筑技术标准》GB/T 51233-2016、《装配式钢结构建筑技术标准》GB/T 51232-2016 和《装配式混凝土建筑技术标准》GB/T 51231-2016，这三部标准都是自 2017 年 6 月 1 日开始实施。

1.《装配式混凝土建筑技术标准》

该《标准》既秉承装配式建筑标准的集成性和一体化特点，又兼顾了结构系统设计的重要性，主要技术要点有：

（1）应用装配整体式框架结构大间距配筋构造

基于理论和实验研究以及工程实践经验，针对"装配整体式框架结构"中的框架梁柱纵筋间距和箍筋肢距做适当调整和规定，以适应实际工程中预制装配式结构对大间距配筋的需求。

（2）应用钢筋挤压套筒连接

钢筋挤压套筒连接是一种常见的机械连接形式，不仅适用于普通现浇混凝土结构，同样适用于装配式混凝土结构中，具有连接可靠、施工方便、节省人工、施工质量现场可检查等优点。《标准》在"结构系统设计"中增加钢筋挤压套筒连接形式，补充其钢筋连接形式所涉及的一般规定和结构材料要求，以及其在装配式混凝土框架结构、装配式混凝土剪力墙结构中的结构构造规定，丰富了现有装配式混凝土结构工程的钢筋连接形式。

（3）应用钢筋浆锚搭接连接

浆锚搭接连接作为装配式混凝土结构中的一种常用钢筋连接形式，近年来在我国装配式建筑中得到了较多的应用，同时也开展了相关的系统研究工作。《标准》中明确了剪力墙结构边缘构件区域和墙身分布钢筋区域采用浆锚搭接连接的具体构造要求。剪力墙边缘构件区域的浆锚搭接连接接头范围内的水平约束加强构造除采用已经普遍使用的措施外，新增加了水平箍筋加密措施，进一步丰富了水平约束加强构造的形式。

（4）应用双面叠合剪力墙结构

增加了双面叠合剪力墙结构的相关设计规定，明确了其结构设计的计算和构造要求，进一步丰富了现有装配整体式剪力墙结构体系。双面叠合剪力墙结构在我国的应用相对较少，在相关研究和实践经验还有待进一步加强的前提下，为确保结构安全，《标准》中对双面叠合剪力墙的最大适用高度和相关构造措施采取了偏于安全的规定。

（5）对补充屋盖采用叠合楼板时的构造要求

现浇与预制是两种不同的施工方式，考虑到现场建造方式变换会带来大量的工期、成本的增加，《标准》针对屋盖结构规定了采用叠合楼板时的构造要求，对叠合楼板的叠合层最小厚度及配筋页做出了规定。通过具体构造措施，在一定条件下，为施工工期及成本控制提供可操作方式。

（6）规定了主次梁钢企口铰接连接

装配式混凝土结构中，主次梁连接历来是构件加工和现场施工的难点问题，同时也是控制装配式结构成本和工期的关键节点。在已有主次梁连接技术的基础上，推荐主次梁连接宜采用铰接。同时补充了工程中已经推广使用的钢企口铰接连接节点构造。

（7）规定了预制剪力墙竖向钢筋单排连接

在"装配整体式剪力墙结构"中增加当符合有关规定的情况下，剪力墙竖向分布钢筋可采用单排连接，减少连接接头量。以上构造在保证结构安全、满足一定要求的前提下，可明显改善现场施工难度，便于钢筋连接和节点区钢筋布置，为现场预制构件安装提供便利。

（8）外挂墙板及其连接

外挂墙板既是承受自重及外部荷载的结构构件，又属于建筑物的外围护体系。预制混凝土外挂墙板与主体结构的连接不仅要考虑自身刚度、承载力和稳定性要求，还要适应主体结构变形能力，同时要考虑接缝处构造措施，如足够的胶缝宽度、构件之间的活动连接件。《标准》中在外挂墙板抗震设计时，对外挂墙板的变形能力提出要求，使其能在地震作用下适应主体结构的变形，避免外挂墙板参与主体结构受力。在验算地震作用下的外挂墙板连接节点承载力时，将效应标准值调整系数放大，以提升外挂墙板在地震作用下的安全储备。《标准》对外挂墙板采用点、线支承连接时的节点构造做出明确规定，在简化构架连接和安装的前提下，确保外挂墙板和主体结构的安全。

（9）多层装配式墙板结构

多层装配式墙板结构在中小城镇建设中需求较大。相关研究成果及国外实际震害经验表明，对房屋最大层数和高度进行限制有助于控制地震作用、降低震害。《标准》专门对多层装配式墙板结构的具体构造措施进行了规定，有利于多层装配式混凝土结构在我国的推广应用。

2.《装配式钢结构建筑技术标准》

该《标准》明确了装配式钢结构建筑是由结构系统、外围护系统、设备管线系统和内装系统四个大系统集成的整体，单纯的一个系统装配——例如只有结构系统装配——不能称作装配式建筑，也不能参与装配式建筑的评价。在装配式钢结构建筑的集成设计中，要做到以建筑功能为核心，以结构布置为基础，以工业化的围护、内装和设备管线部品为支撑，综合考虑建筑户型、外立面、结构体系、围护系统、设备管线、构件防护、内装等各方面的协同与集成，实现结构系统、外围护系统、设备管线系统和内装系统的协同。

该《标准》针对装配式钢结构建筑的特点，在依托原有标准规范的基础上，对部分规定进行了强调或调整，使之更能符合装配式钢结构建筑的发展现状，同时覆盖了建筑的全建造期。主要技术要点有：

（1）建筑设计

1）着重强调了模数协调、标准化设计、提升钢结构建筑性能和装配式钢结构建筑的平面空间特点。前两者主要针对装配式建筑的特点确定，只有标准化设计的构件才能最大化实现工厂化的生产和现场装配，提升质量降低造价。不同主系统之间和系统内的不同子系统之间的装配（组装、安装）则还要符合尺寸模数协调的相关要求。装配式建筑的基础就是有大量的部品可供建筑在装配时选择，遵守模数要求无疑方便了装配。

2）钢结构装配式建筑当前最需要解决的问题主要是建筑性能问题，也就是使用者的感受，《标准》针对结构构件防护（防腐防火）、隔声、保温以及结构舒适度等使用者对装配式钢结构最关心的部分进行了强调。

3）由于装配式建筑更需要不同系统之间的整合集成，建筑信息模型技术会有更大的应用空间，它是装配式建筑实现集成设计、智能制造的重要实现手段，能更好地实现装配式建筑全流程全专业全产业的一体化集成。《标准》对建筑信息模型技术的使用也进行了一般性规定。

（2）结构系统

1）现有标准规范能满足绝大多数装配式钢结构建筑的需求，《标准》对结构体系选择、结构最大高度确定、设计方法和结构设计指标都与现行国家《标准》和《高层民用建筑钢结构技术规程》等行业标准的要求相同，并增加了适合钢结构住宅使用的钢框架内填剪力墙板结构和交错桁架钢结构的相关要求。标准对结构的竖向构件推荐采用钢管混凝土柱，有利于减小构件截面并减轻空心构件竖向传声效应，同时该做法可计入装配率。

2）为保证住宅居住者的舒适感受，《标准》对要求装配式钢结构住宅在风荷载标准值作用下的层间位移角不应大于 1/300，屋顶水平位移与建筑高度之比不宜大于 1/450。同时提出高度不小于 80m 的装配式钢结构住宅以及高度不小于 150m 的其他装配式钢结构建筑应进行风振舒适度验算。这些要求比其他行业标准的要求更为严格。

3）钢结构的节点连接主要有两种做法，栓接和焊接，现场栓接比焊接更容易操作。这次《标准》制订时增加了带悬臂梁段翼缘焊接 - 栓接组合形式，同时增加了梁柱节点外伸端板连接这类全栓连接的方式。

4）楼屋盖是结构系统的重要组成，可以采用压型钢板组合楼板、钢筋桁架楼承板组合楼板、预制混凝土叠合楼板及预制预应力空心楼板以及免支撑支模现浇楼板等，《标准》都给予了确认。

不同楼板的选择和使用要求（如是否有吊顶，板底的处理方式）、造价、施工便利性有关，也和装配率有关。

为保证结构整体性，《标准》对非全现浇楼板进行了限制："抗震设防烈度为 6、7 度且房屋高度不超过 50m 时，可采用装配式楼板（全预制楼板）或其它轻型楼盖，但应采取下列措施之一保证楼板的整体性……"和"装配式钢结构建筑可采用装配整体式楼板，但应适当降低最大高度。"这与其他标准相比更为严格。

5）目前装配式钢结构建筑领域出现了很多新技术，《标准》对这些新技术给予了开放的原则，但采用时应有可靠依据。

（3）外围护系统

外围护是装配式钢结构建筑重要的系统，也是当前推广装配式钢结构住宅的瓶颈之一。从《标准》提出外围护系统设计应考虑到的五大内容：

1）外围护系统的性能要求

2）外墙板及屋面板的模数协调要求

3）屋面结构支承构造节点

4）外墙板连接、接缝及外门窗洞口等构造节点

5）阳台、空调板、装饰件等连接构造节点——即可知道外围护系统的复杂性。

对于钢结构住宅，外围护系统设计还应关注居住者的使用习惯（即梁、柱等构件的隐蔽）。因此《标准》按外墙系统与结构系统的连接形式将墙板分为内嵌式、外挂式、嵌挂结合式三类；

按施工方式分为预制外墙、现场（或工厂）组装骨架外墙、建筑幕墙等三类。

《标准》还要求各类墙板均应在50年重现期的风荷载或多遇地震作用下，不得因主体结构的弹性层间位移而发生塑性变形、板面开裂、零件脱落等损坏；当主体结构的层间位移角达到1/100时，外墙板不得掉落。除此之外，各类墙板还应遵守各自的技术《标准》。

外围护系统没有涉及现场砌筑类外墙，这是因现场砌筑外墙很难适应钢结构变形，容易开裂形成贯通裂缝，影响使用。也因为现场砌筑外墙不符合装配式的施工方式，故外墙非砌筑成为钢结构装配式建筑的基础要求。

（4）《标准》对建筑设备与管线系统重点强调管线与主体结构分离和设备全专业集成化设计。

（5）内装系统是装配式建筑四大系统之一，是目前最易被忽略的系统，但却是装配式建筑与使用者最密切相关的系统。

在装配式钢结构建筑中，内装系统更是必不可少：由于钢结构构件需要和外部包裹隔绝，装配式钢结构建筑最适合与内装相结合。

《标准》提出梁柱包覆应与防火防腐构造结合，实现防火防腐包覆与内装系统的一体化。

钢结构住宅不易处理的室内露梁、露柱问题，也可以通过内装部品是布置加以隐藏。

《标准》规定，内装系统各组成部分如隔墙、墙面、吊顶、地面宜选用装配式部品，厨房和卫生间宜选用集成式产品。

3.《装配式木结构建筑技术标准》

木结构建筑分为传统木结构建筑和现代木结构建筑。传统木结构以原木、方木为主要结构材料，建造工艺采用传统制式的榫卯节点连接形式为主。现代木结构是一种绿色节能、低碳环保的新型建筑结构形式，主要包括轻型木结构和重型木结构两类，轻型木结构是指主要由木构架墙体、木楼盖和木屋盖系统构成的结构体系，适用于三层及以下的民用建筑。重型木结构是指以工程木或方木原木为主要承重构件，以螺栓、销栓以及植筋为主要连接形式而构成的结构形式。

该《标准》共十二章，分别为总则、术语、材料、基本规定、建筑设计、结构设计、连接设计、防护、制作运输储存、安装、验收和使用维护。《标准》的制定为装配式木结构建筑的设计、制作、安装、验收、使用和维护提供技术支撑，有利于完善装配式建筑规范体系，推动装配式木结构建筑在中国的发展。《标准》主要技术要点有：

（1）强调各专业间协同管理与一体化设计

装配式木结构建筑应采用系统集成的方法统筹设计、制作运输、施工安装和使用维护，实现全过程的协同，装配式建筑的建造方式与传统建造方式不同，由于装配式建筑是构配件工程制作生产，现场装配施工，对各个环节的协同要求高，在项目开展的初期，就应协同建筑、结构、设备和内装等专业。建造全过程中宜采用BIM技术，对全过程实行信息化管理，在项目建造的初期，将建造过程中可能出现的问题提前解决，从而减少由于各专业间的不协调造成返工、浪费的损失。《标准》对建筑、结构、设备和内装系统等的协同、集成化从管理、设计、施工等方面作了规定，从而引导装配式木结构的发展。

（2）对木组件的设计，制作，安装以及验收提出要求

木结构现行相关标准均仅从单个构件层面作出相关规定，而未涉及对两个或多个构件组成的木组件，木组件是由两个或多个构件在工厂制作组装并具有单一或复合功能的，是用于建造装配式木结构建筑的基本单元，术组件包括柱梁组件、预制墙体、预制楼盖、预制屋盖、术桁架、空间组件等。《标准》对组件的设计、制作、安装以及验收的作了规定，为装配式木结构建筑的建造提供依据。

（3）强调连接设计和安装

装配式建筑由于构件都是工厂工业化生产，现场组装而成，连接设计对于装配式建筑至关重要。《标准》专门对连接设计单列章，包含木组件之间的连接、木组件与混凝土、钢结构的连接等，规定了装配式木结构建筑连接的基本要求，并对各类连接提出了具体的设计规定，从而保证装配式建筑的安全性。

安装是装配式木结构建筑建造的重要环节，装配式木结构建筑大量的工作都是现场安装工作，安装质量的好坏直接影响建筑的使用，《标准》对安装的设备、安装工艺、安装误差以及安装过程中安全规定等作了相关规定。

装配式建筑项目管理体系

装配式建筑工程涉及多个利益关系方，包括：建设单位、设计单位、预制部品部件生产单位、施工安装单位、部品部件供应单位等。这些利益关系方在不同程度上都需要参与工程项目的管理。

第一节 建设单位对项目的管理

建设单位对工程项目的管理，是指建设单位为实现投资目标，运用所有者的权力组织或委托有关单位，对建设项目进行筹划和实施的有关计划、组织、指挥、协调等过程。

一、建设单位管理的目的

工程建设单位对工程项目进行管理的主要目的是：

（1）实现投资主体的投资目标和期望。投资主体将资金投入工程项目中，期望通过项目管理保证工程项目能按预定计划建成和投入使用，实现投资的经济效益与社会效益。

（2）将工程项目投资控制在预定或可接受的范围之内。工程项目建设通常需要较长的时间和较大的投入，建设过程中不确定因素很多，如果控制不好，很容易突破投资的预算。为了保证投资者的预期收益，必须对工程项目投资进行有效的控制。

（3）保证工程项目建成后在项目功能和质量上达到设计标准。不同的工程建设项目都有其各自的功能和质量要求，这是保证工程项目在运营期内有效、安全和高质量运行，实现项目建设目标与建设单位的投资目标的基本前提，因此也是建设单位对工程项目进行管理的重要目的。

二、建设单位管理的特点

建设单位对工程项目管理的特点是由建设单位在工程项目中的特殊地位决定的，主要有以下几个方面：

（1）建设单位对工程项目的管理代表投资主体对项目的要求。它集中反映了各投资主体对工程项目的利益要求，代表各所有者协调一切对外关系，包括与政府和社会各有关单位之间的各项关系。因此建设单位在项目管理中一方面要协调各投资主体之间的关系，另一方面要协调项目与社会各方的关系，保证项目建设的顺利进行。

（2）建设单位是对工程项目进行全面管理的中心。按照"谁投资、谁决策、谁收益、谁承担风险"的原则，投资主体在国家法规许可的范围内有充分的投资自主权。建设单位既是工程项目的决策者，又是工程项目实施的主持者；既是未来收益的获得者，也是可能风险的承担者。建设单位与工程项目之间利益关系的紧密程度是其他任何一方参与者所不能比拟的，建设单位对项目管理和项目成败负有全面责任。工程项目完成得好，最大与最直接的受益者应该是建设单位，反之如果工程项目出现问题，最大与最直接的损失方也是建设单位。

（3）从管理方式上看，在项目建设过程中建设单位对工程项目的管理大都采用间接而非直接方式。工程项目建设涉及各个领域和诸多专业，建设单位往往由于自身时间、精力和专业等方面的限制，不可能将全部管理工作由自己来完成。建设单位通过各种委托协议和合同，把工程项目的各项任务、管理职责以及各项风险分解到各参与策划和实施的有关机构，建设单位进行总体协调和控制，保证项目如期、按质建成，并尽可能节省投资。

三、建设单位管理的主要任务

在工程项目的不同阶段内，建设单位对工程项目管理的主要任务各有不同。

1. 项目决策阶段的主要任务

建设单位在工程项目决策阶段的主要工作任务是围绕项目策划、项目投资机会研究、初步可行性研究、项目建议书、项目可行性研究、项目核准、项目备案、资金申请及相关报批工作开展项目的管理工作，主要有：

（1）对投资方向和内容作初步构想，择优聘请有资质、信誉好的专业咨询机构对企业或行业、地区等进行深入分析，开展专题研究及投资机会研究工作，并编制企业发展战略或规划。

（2）选择好咨询机构。在上述工作的基础上，正式选择合格的咨询机构对项目开展前期工作。包括对项目的建设规模、产品方案、工程技术方案等进行研究、比选，根据需要进行项目财务评价、社会评价、国民经济评价和风险评价，编制项目建议书和可行性研究报告，为科学决策提供科学依据。

（3）组织对工程项目建议书和可行性研究报告进行评审，与有关投资者和贷款方进行沟通，并落实项目资金、建设用地、技术设备、配套设施等建设相关条件。

（4）根据项目建设内容、建设规模、建设地点和国家有关规定对项目进行决策，按国家和地方政府有关要求报请有关部门审批、核准或备案。

2. 实施准备阶段的主要任务

（1）备齐项目选址、资源利用、环境保护等方面的批准文件，协商并取得原料、燃料、水、电等供应以及运输等方面的协议文件。

（2）明确勘察设计的范围和设计深度，选择有信誉和合格资质的勘察、设计单位进行勘察、设计，签订合同，并进行合同管理。

（3）及时办理有关设计文件的审批工作。

（4）组织落实项目建设用地，办理土地征用、拆迁补偿及施工场地的平整等工作。

（5）组织开展设备采购与工程施工招标及评标等工作，择优选定合格的承包商，并签订合同。

（6）按有关规定为设计人员在施工现场工作提供必要的生活与物质保障。

（7）选派合格的现场代表，并选定适宜的工程监理机构。

3. 项目实施阶段的主要任务

在项目实施阶段，建设单位的主要工作是按合同规定为项目实施提供必要的条件，并在实施过程中督促检查并协调有关各方的工作，定期对项目进展情况进行研究分析。主要有：

（1）需由建设单位出面办理的各项批准手续，如施工许可证，施工过程中可能损坏道路、管线、电力、通信等公共设施等方面，需取得法律、法规规定的申请批准手续等。

（2）协商解决施工所需的水、电、通信线路等必备条件。

（3）解决施工现场与城乡公共道路的通道，以及专用条款约定的应由建设单位解决的施工场地内主要交通干道，满足施工运输的需要。

（4）向承包方提供施工现场及毗邻区域的工程地质和地下管线、相邻建筑物和构筑物、地下工程、气象和水文观测等资料，保证数据真实。

（5）聘请咨询监理机构，督促咨询监理工程师及时到位，履行职责。

（6）协调设计与施工、监理与施工等方面的关系，组织承包方和咨询设计单位进行图纸会审和设计交底。

（7）确定水准点和坐标控制点，以书面形式交给承包方，并进行现场交验。

（8）组织或者委托咨询监理工程师对施工组织设计进行审查。

（9）协调处理施工现场周围地下管线和邻近建筑物、构筑物，及有关文物、古树等的保护工作，并承担相应费用。

（10）督促设备制造商按合同要求及时提供质量合格的设备，并组织运到现场。

（11）督促检查合同执行情况，按合同规定及时支付各项款项，并协调好报告中出现的新问题和矛盾冲突。

4. 竣工验收的主要任务

（1）组织进行试运行。

（2）组织有关方面对施工单位拟交付的工程进行竣工验收和工程决算。

（3）办理工程移交手续。

（4）做好项目有关资料的收集和接收与管理工作。

（5）安排有关管理与技术人员的培训，并及时接管。

（6）进一步明确项目运营后与施工方、咨询（监理）工程师等各方的关系。

第二节　承包商对项目的管理

一、承包商对项目管理的目的和特点

1. 承包商对工程项目管理的基本含义

承包商分为两类：一类是指根据工程项目建设的有关规定，由建设单位委托，经双方协

商和履行一定的程序后，承接项目的建筑和安装工程建设（有的包括设备安装工程）的公司；另一类是按委托合同承接产品或设备生产制造（有的包括设备安装工程）的生产厂家。

承包商对工程项目的管理是指承包商为完成建设单位对项目建设的委托或设备供货的委托，以自己的施工或供货能力来完成建设单位委托的任务，在建设阶段对自己所承担的项目中投入的各种资源进行计划、指挥、组织、协调的过程。

在工程总承包模式下，企业按照合同约定，承揽工程项目的设计、采购、施工等工作，并对承包工程的质量、工期、造价全面负责，俗称"交钥匙"工程。这时，承包商对工程项目的管理目的和特点将随合同要求而变化。

2. 承包商管理的目的

承包商是为项目提供工程劳务的组织者或设备制造者。其管理的目的主要是为了在项目建设与设备制造过程中，从人力、物力资源的有效投入到产品的输出来实现其相应的收益。具体是：

（1）保证承包的工程项目或设备制造在进度与质量上达到委托合同规定的要求。承包商按委托合同在规定的时间内完成工程施工或设备制造工作，并符合各项质量指标的要求，这是合同中规定的承包商的主要义务。

（2）追求自身收益的最大化。在完成委托合同规定的工作，并达到合同规定的要求后，承包商有权取得相应的报酬。建设单位支付费用的具体方式与合同的形式有很大关系。不同的合同形式使承包商的利益与项目成本的联系程度有所不同。对于总价合同和单价合同以及成本酬金合同，承包商会采取完全不同的态度来对待项目的成本费用。但其根本目的都是保证其整体收益最大。

3. 承包商对工程项目管理的特点

承包商对工程项目管理的特点可以从不同的方面去总结，主要有以下几点：

（1）承包商的管理工作都是以固定场地为中心展开的，不同于其他参与方可以在不同地方进行项目管理。

（2）以委托合同为根本要求。项目承包商在实施管理的过程中，不管委托方的最终目标是什么，对项目的管理与控制完全以合同规定的内容为依据。项目的质量、进度、费用等都是以合同规定为标准。

（3）管理直接作用于工程项目实体。承包商不同于咨询（监理）工程师，管理的对象是完成项目组成部分的行动者、原材料和设备等。所以承包商的管理对项目将产生直接的作用。

（4）管理过程中资金投入相对巨大。工程项目的真正形成过程在施工阶段。在这一阶段中所有的设计都将得到实施，包括主体工程和配套工程等。从厂房的建设到原材料的采购和机器设备的采购、安装与调试，都需要大量的资金投入。这一过程的投入一般占项目全部费用的 90% 左右。

（5）项目建设风险的最后控制阶段。承包商的管理过程是工程项目风险控制的最后过程。工程项目的风险在项目的不同阶段是不一样的。越是在项目的前期阶段，项目的未知程度就越高，项目决策风险发生概率就越大，但这时人们对项目的可控制程度也高。到了项目实施阶段，管理风险则相对增大，所以在项目施工阶段，承包商必须加强施工管理，建设单位应委派监理工程师去现场，以避免和减少损失的发生。

二、承包商管理的主要任务

1. 工程承包商的主要工作

（1）制定施工组织设计和质量保证计划，经监理工程师审定后组织实施。

（2）按施工计划组织施工，认真组织好人力、材料、机械等资源的投入。并向监理工程师提供年、季、月工程进度计划及相应进度统计报表。

（3）按施工合同要求在工程进度、成本、质量方面进行过程控制，发现不合格项及时纠正。

（4）遵守有关部门对施工场地交通、施工噪声以及环境保护和安全生产等方面的管理规定，办理相关手续。

（5）按专用条款约定，做好施工现场地下管线和邻近建筑物、构筑物，及有关文物、古树等的保护工作。

（6）保证施工现场清洁，使之符合环境卫生管理的有关规定。

（7）在施工过程中按规定程序及时主动、自觉接受监理工程师的监督检查；提供建设单位和监理工程师需要的各种统计数据的报表。

（8）及时向委托方提交竣工验收申请报告，对验收中发现的问题及时进行改进。

（9）负责已完工程在移交前的保护工作。

（10）向委托方完整、及时地移交有关工程资料档案。

2. 设备承包商的主要任务

（1）按照合同约定，以规定的价格，在规定的时间、质量和数量条件下提供设备，并做好现场服务，及时解决有关设备的技术、质量、缺损件等问题。

（2）按照合同约定，完成设备的有关运输、保险、包装、设备调试、安装、技术援助、培训等相关工作。

（3）保证提交的设备和技术规范与委托文件的要求一致。

（4）保证建设单位在使用其所提供的设备或其他任何一部分时，不侵犯第三方专利权、商标权和工业设计权。

（5）完成合同规定的其他工作。

第三节 银行对贷款项目的管理

一、银行对贷款项目管理的目的和特点

1. 银行对贷款项目管理的基本含义

为工程项目提供资金的渠道有很多，本文中的银行是泛指银行为代表的为工程项目提供

贷款的所有金融机构。

为项目提供资金贷款的各金融机构，从其所提供资金的安全性、流动性、收益性等方面考虑，对项目进行了解、评估、分析及控制等，是一种不完全意义上的项目管理。这类管理重点是对资金投入进行评审和对资金投入与使用进行控制和监督，以及进行风险控制等。

2. 银行对贷款项目管理的目的

银行是工程项目贷款的提供方，是项目部分融入资金的所有者。在银行决定为项目提供资金后，银行就把资金收益的期望寄托于项目上，同时资金损失的风险也相应产生。因此银行对贷款项目管理的目的主要是：

（1）保证资金的安全性。商业银行的注册资本一般只占全部资金来源的8%，90%以上的经营资金是存款和其他负债。因此，商业银行必须保证放款的及时收回，否则将影响银行的清偿能力，动摇银行的信用。银行通过其对资金投放的控制，对资金风险进行预警、回避，为资金选定合适的投入对象，确定适宜的投入规模，在风险发生的情况下采取措施进行资金保全，保证资金的安全性。

（2）流动性。由于商业银行是负债经营，如果没有一定量的资金及时回流，就无法保证客户存款的及时足额提取，后果将不堪设想。因此，除了保证资金的安全性外，银行还要合理安排贷款的种类和期限，并采取措施，使贷款能及时收回。

（3）效益性。效益性是商业性银行贷款的最终目的。在保证投入资金的安全性和流动性的前提下取得收益。银行的收益主要是利息收入，而利息收入主要决定于利率和期限，贷款期限越长、利率越高，收益越大。

3. 银行对贷款项目管理的特点

银行对贷款项目的管理实际上是银行信贷管理的一部分。对于工程项目来说，主要是涉及资金的投入与回收。主要有以下特点：

（1）管理的主动权随着资金的投入而降低。银行为工程项目提供贷款是根据贷款方的申请而自愿提供资金的一种行为，是银行在认为能保证资金安全和取得一定收益后作出的承诺与决策。在银行决定为工程项目提供资金之前，甚至到资金正式投入之前，银行都是有主动权的，银行可以决定不为项目提供资金。银行为项目提供资金的数量和偿还的时间、方式等都可以通过平等协商确定，从这一点上说银行对工程项目的管理在前期是主动的。

银行一旦决定投入资金，特别是随着银行资金的逐步投入，银行对项目的控制程度就随之降低。资金全部贷出后，银行就无法具体控制项目的建设、管理与运作。这时银行投入资金的安全和收益的保障除了抵押、质押、保证等原商定的担保方式外，大部分依赖于他人对该项目的管理状况。因此银行对工程项目的前期管理非常重要。

（2）管理手段带有更强的金融专业性。银行为保证资金的安全，在投资项目资金管理上往往采取金融性更强的专业手段进行控制。如前期对项目进行全方位评价、进行企业信用评价、要求用贷方提供质押与抵押等担保方式、制定资金投放计划、监督贷款方资金的使用、必要时采取保全措施等。

（3）以资金运动为主线进行管理。为保证银行对投入资金的安全和一定收益，银行要对贷款方进行监控，范围包括企业信用、设备采购和工程建设费用支出等相关方面，这些方面都会对资金安全产生影响或有所反映，所以相对其他参与方的管理来说，银行对工程项目最直接的管理内容是比较单一的，主要是对项目资金投入的控制。

二、银行对贷款项目管理的主要内容

承贷金融机构对贷款项目的管理可一般分为贷前管理和贷后管理两个阶段。

1. 贷前管理

（1）受理借款人的借款申请。

（2）进行贷款基本调查。包括对借款人历史背景的调查，对借款人行业状况和行业地位的调查，对借款的合法性、安全性和盈利性的调查，借款人信用等级的评估调查，以及对贷款的保障性进行调查。

（3）进行信用评价分析。在对借款人的品德、借款人的能力、借款人的资本、贷款担保、经营环境等方面调查了解的基础上，根据贷款调查的信息确定客户的信用等级，计算客户的风险限额，判断对客户进一步授信的风险的大小。

（4）对借款人进行财务评价。评价的目的是分析借款人的财务状况、盈利能力、资金使用效率、偿债能力，并对借款人的发展变化趋势进行预测。

（5）对贷款项目进行评估。银行对贷款项目的评估与一般意义上的评估有一定的区别。它是以银行的立场为评估的出发点，以提高银行的信贷资产质量和经营效益为目的，为银行贷款提供决策依据。

（6）制定贷款的法律文件。根据前面工作得出的结论，如果银行准备为借款人提供贷款，那么，就要依据有关规定准备必要的法律文件。主要有借款合同、保证合同、抵押合同和质押合同等。

（7）贷款审批。银行信贷部门将贷款调查等有关评价报告汇总整理后，形成贷款报审材料，报银行审贷机构审查。银行对贷款的审查重点有以下几个方面：贷款的直接用途是否符合国家与银行的有关规定；借款人是否符合借款资格条件；借款人的信用承受能力如何，如信用等级、统一授信情况、已占用的风险限额情况，以及潜在亏损等方面的问题；借款人的发展前景、主要产品结构、新产品开发能力、主要领导人的工作能力与组织能力；借款人偿还贷款的资金来源及偿债能力；贷款保证人的情况；贷款抵押、质押物的情况；根据贷款方式、借款人信用等级、借款人的风险限额等确定是否可以贷款，贷款结构和附加条件。

（8）贷款发放。在银行与借款人签订借贷合同后，如果没有任何正当理由或借款人没有违约的情况下，银行必须按借款合同的约定发放贷款。银行在发放贷款中要注意检查有关合同条款，检查用款申请材料是否符合有关规定和合同要求。在贷款的发放中还要注意严格执行贷款的发放程序，并在出现以下情况时及时停止贷款的发放：1）借款人不按借款合同规定的用途使用贷款。2)不按借款合同的规定偿还本息。3)国家或银行规定的其他有关禁止行为。

2. 贷后管理

贷后管理是指提供贷款后，围绕资金的偿还对企业或项目开展的有关工作。主要包括：

（1）贷后检查。贷后检查是指在贷款发放之后，定期或不定期地对贷款的运行情况进行检查分析。主要有：1）以检查借款人是否按规定使用贷款和按规定偿还本息为主要内容的贷款检查。2）以检查借款人全面情况为内容，以保证贷款顺利偿还为目的的借款人检查。3）以把握担保的有效性及应用价值为目的担保检查等。

（2）贷款风险预警。通过对项目的绩效追踪以及一些与贷款密切相关的情况的收集和先行指标的测算，及时预测和发现贷款可能存在的风险，以便采取相应措施。这些不利情况和指标的测算主要表现在：工期的拖延、建设费用的超支、市场的变化，以及企业经营管理中的营业收入、存货、应收账款、流动比率和速动比率发生不利变化等方面；企业管理人员行为异常或发生不利变动，企业内部管理混乱，企业涉及重大诉讼、出现重大投资失误等非财务方面；借款人账户存款持续减少至不正常水平，票据发生拒付、多头借款或套取贷款，回避与银行接触等。

（3）贷款偿还管理。在项目建成后，银行还要进行贷款偿还管理，主要包括本息的催收，有限延长还款期限的贷款展期，以及借款人归还贷款的全部本息后，对结清贷款进行评价和总结等。

此外，当借款人不能按期向银行偿还贷款时，银行还要根据不同情况采取相应的贷款清收与保全措施，包括办理展期等方式重新确定还款期，采取企业兼并、企业破产、债权转股权、股份制改造、资产证券化、以物抵债等措施来保证银行贷款的收回，对于逃避债务的，可通过法律手段解决等。

三、银行对贷款项目的评估

银行对贷款项目贷前管理中，很重要的一个内容就是对贷款项目的评估。目前国内几大银行对贷款项目的评估与政府审批时的项目评估都有所不同。由于贷款企业是贷款的承受主体，所以在对贷款项目评估时，评估内容一般都超出项目本身，除通常在项目评估中进行的市场分析、建设方案评价、投资估算、财务评价等内容外，往往将对借款人资信评价、财务评价，及贷款项目的评估合在一起进行，与传统项目评估的内容相比，还要对借款人资信和财务进行评价。

通过以上分析，可基本确定项目所需的贷款数量与可能的偿还情况。为减少风险，还要对采用何种担保方式贷款进行分析，主要包括：

（1）信用贷款方式；

（2）保证担保贷款方式；

（3）抵（质）押担保贷款方式；

（4）银行效益评估；

（5）贷款风险及防范措施。

经过总结分析评价结果，提出是否贷款、贷款额度、贷款期限、还款方式和风险防范措施等方面的结论和建议。

第四节　咨询（监理）工程师对项目的管理

一、咨询（监理）工程师参与管理的目的和特点

咨询（监理）工程师对项目的管理是指咨询（监理）工程师接受顾客的委托，为保证项目的顺利实施，按照委托规定的工作内容，以咨询（监理）工程师执业标准为尺度，对项目进行有效的组织、指挥、协调、督促、检查与指导。

1. 咨询（监理）工程师参与管理的目的

咨询（监理）工程师是在工程建设单位或其他工程项目参与方的委托下，根据其要求完成相关任务，是委托方进行项目策划和项目管理的重要助手和参谋。咨询（监理）工程师对工程项目管理的目的是：

（1）保障委托方实现其预期目标。工程建设单位及有关方为便于其实现其预期目标，往往委托咨询（监理）工程师为其承担某一方面或几方面的工作。咨询（监理）工程师正是按照委托合同的要求，运用其知识、经验与智慧为委托方提供服务，保障委托方实现其对工程项目的预期目标。

（2）按合同规定取得合法收入。咨询（监理）工程师利用其自身的智力劳动为委托方提供服务，有权按合同规定取得合法收入。关于咨询工作的付费标准，国家有专门的规定。

（3）为咨询（监理）工程师自己创造良好的社会声誉。咨询（监理）工程师是一种智囊型职业，声誉对于咨询（监理）工程师来说是极其宝贵的无形财富。如果咨询（监理）工程师通过自己的劳动与努力，能为顾客创造良好的价值，那么同时也将为自己赢得声誉。

2. 咨询（监理）工程师参与管理的特点

（1）咨询（监理）工程师的工作是智力型工作。咨询（监理）工程师的工作具有较强的科学性和知识性，是集工程、经济、管理等多学科知识和项目经验在咨询工作中的具体运用，没有较为丰富的科学知识和项目工作经验作为支持，是不可能完成好咨询工作任务的。因此，作为咨询工作者平时应注意相关学科知识的学习和项目经验的积累。

（2）咨询（监理）工程师的管理内容视委托情况而变化。如果委托方只委托工程项目某一阶段的工作，如可行性研究或项目初步设计等，咨询（监理）工程师的管理内容则只局限在这一阶段；如果委托的是项目全过程管理，则咨询（监理）工程师的管理内容就包括项目整个建设过程。

（3）不直接建设工程项目实体。咨询（监理）工程师无论是接受建设单位委托还是其他工程项目参与人的委托，无论是阶段性委托还是全过程委托，都不直接去建设工程项目实体。在工程项目建设中，对工程项目实体进行直接建设和管理的是工程承包商。

（4）职业的规范性。咨询（监理）工程师作为一支专业队伍，有其独立的行业管理组织、市场准入规范、执业规则和道德准则。有关管理组织应对其成员进行监督，定期与不定期的检查，发现违反有关规定的事情应及时处理，以维护咨询（监理）工程师的职业形象。

（5）服务的有偿性。咨询（监理）工程师以咨询工作为职业，以其咨询劳动取得合法收入，其提供的工程咨询服务是有偿的。工程咨询服务费用的收取按国家有关规定与行业规则进行，不允许随意收取费用。

二、咨询（监理）工程师参与管理的主要任务

根据委托，咨询（监理）工程师对工程咨询项目的管理可以是项目进行的任何一个阶段，或其中的一个内容，也可以是几个阶段或全部管理工作，具体工作内容要视委托方的要求而定。按工程项目进行阶段划分，咨询（监理）工程师参与管理的主要内容有：

1. 项目决策阶段

咨询（监理）工程师在这一阶段的主要任务是根据建设单位的委托，当好建设单位的参谋，为建设单位提供科学决策的依据，包括以下方面：

（1）对项目拟建设地区或企业所在地区，及项目所属行业情况进行调查分析，对相关产品的市场情况进行研究。在此基础上，就地区发展规划、企业发展战略、行业发展规划等方面提出咨询意见，并与委托方进行交流与沟通，取得共识，完成相应报告。

（2）对项目的建设内容、建设规模、产品方案、工程方案、技术方案、节能与环境影响分析、建设地点、厂址布置、污染处理方案等进行比选。

（3）在项目相关方案研究的基础上，根据有关要求，完成项目的融资方案分析、投资估算，以及财务、风险、社会及国民经济等方面的评价，对项目整体或某个单项提出咨询意见，完成相应报告。

（4）按委托方及有关项目审批方的要求，对项目的可行性研究报告进行评估论证，完成相应报告。

（5）根据委托及有关标准要求，完成上报有关部门的相关报告，如项目建议书、可行性研究报告、项目核准申请报告、资金申请报告、项目备案申请报告等；受相应机关委托，对上述类型的报告以及环境影响、节能分析等进行评估。根据建设单位委托，还可协助完成项目的有关报批工作。

根据国家有关规定，编制项目申请报告的工程咨询机构不得承担同一项目的核准申请报告的评估工作。工程咨询机构与项目单位存在控股、管理关系或者负责人为同一人的，该工程咨询机构不得承担该项目单位的项目核准报告评估工作。接受委托的工程咨询机构应当在项目核准机关规定的时间内提出评估报告，并对评估结论承担责任。评估费用由委托评估的项目核准机关承担，评估机构及其工作人员不得收取项目单位的任何费用。

2. 项目建设准备阶段

在工程项目的这一阶段中，根据建设单位的委托，在资质许可的前提下，咨询（监理）工程师可以部分或全部完成以下咨询工作：

（1）直接接受建设单位委托承担勘察设计工作，或代理建设单位进行项目的有关勘察设计招标工作。

（2）协助建设单位或按建设单位委托完成项目进度安排、质量要求、资金控制及相应协议的起草工作。

（3）协助建设单位完成或接受建设单位委托进行设备采购、施工招标工作。

（4）协助委托方完成好项目的有关设计文件及项目开工等报批工作。

（5）按委托方要求和国家有关规定，做好项目设计内容的调整与修改工作。

（6）建设单位委托的其他工作，如征地、周边关系的协调等。

3. 项目实施阶段

咨询（监理）工程师在项目实施阶段的主要工作有：

（1）按委托方的要求，向施工单位进行项目设计图纸的技术交底，审查施工组织设计。

（2）根据委托，在资质允许的前提下，代表建设单位对项目工程施工进行监督、管理以保证施工在质量、费用和进度等方面满足建设单位要求。

（3）根据建设单位委托开展项目中间评价工作。

（4）及时向建设单位报告项目的有关进度、质量及费用等方面的情况。

（5）按有关规定对项目施工过程中的有关问题及时妥善地进行处理。

（6）为工程投产后的运营做好人员培训、操作规程和规章制度的建立等准备工作，协助进行试运行。

（7）配合建设单位，做好项目的竣工验收工作。发包人委托咨询师核对审定竣工结算的，竣工结算经造价咨询人审定完成，由发包人和承包人签字确认后，结算审价结果具有唯一性。当事人不得与其他造价咨询人员重复核对竣工结算。

4. 项目投产后阶段

在项目投产后阶段，咨询（监理）工程师按建设单位的委托，可开展工程项目的后评价工作。具体包括：

（1）项目目标和过程评价。咨询（监理）工程师按建设单位委托对项目全过程进行回顾和总结，对项目的效果和效益进行分析和评价。对照项目可行性研究评估结论和主要指标，找出变化和差别，并分析原因，总结经验和教训。

（2）持续性评价。对项目建成后与国民经济发展的适应能力进行研究，对项目是否能够持续发展进行分析，并在此基础上提出项目可持续发展所需创造的条件。

（3）在以上评价基础上提出项目发展的对策建议，供委托方与有关方参考。

第五节　政府对工程项目的管理

一、政府管理的作用与特点

1. 政府管理的作用

政府对社会经济活动进行宏观指导和调控的目的是保证社会经济健康、有序和持续发展。对工程项目进行管理的主要作用是：

（1）保证投资方向符合国家产业政策的要求。为保证投资项目符合国家经济社会持续发展的需要，国家通过政府有关部门发布国家在某一时期的中长期发展规划和各项专业规划，以及产业政策，明确国家鼓励、限制和禁止类别的项目，同时政府部门在审批、核准项目时也依据这一政策进行控制。

（2）保证工程项目符合国家经济社会发展规划和环境与生态等的要求。除国民经济发展规划外，还有一些其他方面的规划，如国土规划、主体功能区规划、区域规划、城乡发展规划等，政府通过对项目的管理程序保证这些规划能够得到切实执行。

（3）引导投资规模达到合理经济规模。为保证国家经济社会的健康发展，对某些类型项目的建设规模、标准进行一定的控制与引导。

（4）保证国家整体投资规模与外债规模在合理的可控制的范围内进行。除了上述方面的内容外，国家对使用外债的项目也有一定的审批程序，以保证国家总外债规模控制在一个合理的范围内。

（5）保证国家经济安全与公共利益，防止垄断。为维护国家经济社会安全和合理利用国家资源，对于关键领域的投资或相关重大投资，在投资规模、项目布点、建设时间、节约资源、市场准入等方面采取一定的引导或限制措施。与此同时，国家还要保护公共利益不受侵害，防止为了少数人利益的取得，损害了公共利益；通过调整相关政策，创造公平的竞争环境与投资环境，制止不正当竞争，防止垄断。

2. 政府管理的特点

政府对工程项目的管理有以下特点：

（1）具有行政权威性。由于政府的特殊地位与身份，使其对工程项目管理具有较大的权威性。人们会以政府对项目的要求为标准，以政府的指令和号召为方向来考虑项目的内容与规模等相关问题。政府对项目管理的权威性要求其对项目的管理不可随意，以免产生副作用。

（2）具有法律严肃性。政府是法规的制定者，也是执行的监督者。政府对工程项目的管理可以通过立法、发布命令、制定政策等方式，要求项目单位必须达到某种要求。政府的这些管理活动不能朝令夕改，必须保持相当的严肃性。

（3）可采用的管理手段是多方面的。政府对工程项目管理的手段是多样的，有行政命令等行政手段，也有法律法规等法律手段，还可以使用税收、金融杠杆等各种经济手段。

二、政府管理的主要任务

1. 优化布局

对于关系国家经济与社会安全等关键性的重大项目，将从国家全局的角度进行布局优化，以保证社会资源的最佳合理利用和整体的社会与经济效益更好。这类项目主要包括重大农林水利工程、能源、交通、邮电、通信、大型矿藏开发等。

对于因征地拆迁等可能产生重要社会影响的项目，以及扶贫、区域综合开发、文化教育、公共卫生等具有明显社会发展目标的项目，应从维护公共利益、构建和谐社会、落实以人为本的科学发展观等角度，进行社会影响分析评价。

2.环境保护

环境影响评价，是指对规划和建设项目实施后可能造成的环境影响进行分析、预测和评估，提出预防或者减轻不良环境影响的对策和措施，进行跟踪监测的方法与制度。

主要内容包括：

（1）环境和生态现状。包括项目场址的自然环境条件、现有污染物情况、生态环境条件和环境容量状况等。

（2）生态环境影响分析。包括排放污染物类型、排放量情况分析，水土流失预测，对生态环境的影响因素和影响程度，对流域和区域环境及生态系统的综合影响。

（3）生态环境保护措施。按照有关环境保护、水土保持的政策法规要求，对可能造成的生态环境损害提出治理措施，对治理方案的可行性、治理效果进行分析论证。

（4）地质灾害影响分析。在地质灾害易发区建设的项目和易诱发地质灾害的项目，要阐述项目建设所在地的地质灾害情况，分析拟建项目诱发地质灾害的风险，提出防御的对策和措施。

（5）特殊环境影响。分析拟建项目对历史文化遗产、自然遗产、风景名胜和自然景观等可能造成的不利影响，并提出保护措施。

3.工程安全管理

工程项目的安全是指项目在建设期间与将来生产过程中的财产和人身安全。国家在工程项目的安全施工、安全生产、防火、消防等方面制定了相应的建设和运营中的安全防护标准，工程项目在进行设计与施工时必须严格贯彻执行这些标准。项目建成后，还必须经有关部门检查，取得许可后方可投入使用。

第六节　完善装配式建筑监管方式建议

伴随着装配式建筑的发展，急需构建结合装配式建筑特点的监管模式。目前，大多数地方还没有根据装配式建筑的系统性特点制定相适应的监管模式，仍然沿用传统建筑的重事前审批、轻过程监管的模式。但又对装配式建筑的质量和安全存有疑虑，在推进过程中探索了许多具体的做法，如成立领导小组，出台相关规定或应用省厅颁布的规定来进行监管。比较先进有效的方式是上海、济南等个别城市采取的信息化监管模式，上海市、区两级联动，明确职能机构，优化监管信息系统，全程应用BIM技术进行监管。

大多数开展了装配式建筑试点示范项目建设的地方，采取传统监管方式加上专家论证等非常规的做法，监管行政成本高、花费时间多。从监管效果看，存在以下问题：一是缺少系统性的装配式建筑监管体制和机制；二是管理碎片化，出台的各类规定都是"应急性"的或者"启动性的"，还不能形成完整有效的监管体系；三是缺少技术规程、规范时，无法报建，检测机构无法抽检，质监无法验收；四是由于勘察、设计、施工、部品部件生产等环节被肢解，无法形成系统的全过程监管，监理对工厂生产监督无法可依，出现监管盲区；五是没有应用建筑物联网技术，无法实现建筑全寿命期的质量追溯。目前，业内习惯于从 BIM 技术应用角度来研究装配式建筑的信息化工作，但由于 BIM 技术缺少统一的标准，缺少唯一性的部品部件编码等问题，更适用于单体工程，难以实现全系统全过程全产业链的监管。

一、存在问题与瓶颈

1. 缺少适合装配式建筑特点的管理机制

装配式建筑最突出的特征是将产品策划、规划、设计、部品部件生产、施工、运维等全产业链融合，并将建筑、结构、设备、智能化、装修、家具等有机结合，是整体解决方案，突出体现了"系统性"。而现行的建设行政体制，基于传统的建筑业施工方式和计划经济，以分部分项工程、资质管理、人员管理等行政方式，人为地将建筑工程分解成若干"碎片"，按照设计、招标、施工的程序进行，设计、施工、生产一体化的总承包模式还没有被广泛采用。特别是设计单位没有在建设过程中发挥技术的主导作用，不利于装配式建筑的新技术、新工艺在工程项目建设中广泛应用。

2. 全产业链协同发展不足

装配式建筑工程的系统性特点决定了装配式建筑的发展必然要求全产业链协同，目前产业链各环节认识不一致，实力差异较大，发展进度不同，需要抓紧弄清各个环节存在的问题，建立全产业链协同发展机制，确定先导、主导企业拉动机制。比如设计、施工、生产三个环节，在传统模式中设计院做好设计，施工单位现场施工就是生产，设计施工虽然分离，但是经过几十年的发展，行业对这样的模式都很熟悉，各类人员的专业素养也能达到要求，即使这样，在实际操作过程中仍然存在问题。在装配式建筑模式中，现场生产变为工厂化生产，工厂化按照标准化生产的部品部件是独立单元，需要施工单位进行吊装拼装，设计单位如果还是按照传统模式进行设计，将导致工厂无法生产，施工单位无法操作，因此需要设计单位在设计时按照部品部件独立单元进行拆分设计，有些类似于钢结构设计，根据图纸即可以进行工厂部品部件生产和现场吊装，实现设计施工生产一体化。当前存在的问题是设计人员不熟悉这样的设计模式，需要进行研究和培训。同时，现行设计院普遍采用的经济利益分配机制和标准化设计取费偏低，使设计人员对这样的设计模式兴趣不高，缺少研发动力。施工单位和工厂的人员也需要一定的时间和项目实践熟悉和提升工作方法和技能。

3. 审批管理流程亟须调整

当前各类规范和技术标准都在陆续出台，但随着装配式建筑的快速发展，这些规范和技术标准仍然需要调整和改进。一些开发企业反映，由于设计规范还在不断完善中，有些试点项目无法通过设计审图，需要主管单位组织召开专家评审会，经专家论证通过后方可施工，给装配式建筑大规模推进带来了一定障碍。由于装配式建筑的建造过程与现浇建造方式不同，相应的项目建设管理流程需要进行相应调整和改进：在"前期筹划、前期准备、建设实施、预售和交付管理、使用和维护"五个主要阶段基础上，某些阶段需要前置，某些环节需要增加、细化。因此，制定适合装配式建筑特点的审批、管理流程对于加快推动产业发展具有重要意义。

4. 质量管理机制有待完善

预制部品部件生产企业的准入门槛较低，预制部品部件在车间加工完成后，质量控制要求需进一步明确。如果大规模推广装配式建筑，如何确保部品部件的质量，如何确保关键节点的质量，是需要高度重视的问题。另外，灌浆连接技术的检验检测方法还不够成熟，质量管理机制还有待完善。

5. 组织保障机制有待完善

装配式建筑全产业链协同发展需要多个部门的合力作用，遇到问题和困难时，不能停留在单个问题的解决方式上，需要运用系统的思想，从全局的高度去思考问题，制定相应的对策。装配式建筑迫切需要其他产业的融合与保障，尤其是财税、金融的支持。装配式建筑系统只有各个子系统共同协同运转，装配式建筑系统才可以流畅的运转起来。当前的财税、金融子系统基本没有启动，对装配式建筑的保障和支持作用没有发挥。

二、发展思路

1. 积极推行工程总承包模式

装配式建筑的发展应当采用工程总承包模式，已经取得共识，需要通过一系列政策，营造有助于工程总承包实施的制度环境、政策环境和市场环境。还需要进一步对以设计企业为龙头、以施工企业为龙头、以房地产开发企业为龙头的多模式工程一体化总承包模式，进行系统化的总结和研究。要研究各种模式下，如何充分发挥设计环节在装配式建筑中的科技创新优势。根据现场建造到工厂制造的建设方式转变，强化设计的龙头作用和技术核心优势，提高设计在建设各方主体的主导权，发挥设计在装配式建筑项目建设中的统筹作用。逐步改变装配式建筑工程建设过程中勘察、设计、施工、部品部件生产等环节被肢解的状况，以便体现装配式建筑的优势。

2. 完善装配式建筑招投标方式

政府投资工程率先采用装配式建筑，鼓励采用项目总承包、设计施工总承包、BT、BOT、BOOT（建设 - 拥有 - 经营 - 转让）等新型建设招标模式。探索非国有资金投资项目建设单位自主决定是否进行招标发包，是否进入有形市场开展工程交易活动，并由建设单位对选择的设计、施工等单位承担相应的责任。深化以"评定分离"为核心的招标投标改革，落实招标人负责制。对专业力量较强、行为较为规范的招标人，试行招标人自主评标、直接委托专家或专业机构评标。

3. 加强全产业链能力建设

针对现阶段能够进行装配式建筑设计、施工、吊装等的专业人员不多，能够将装配式建筑不同专业统筹起来的人员更少，能够将装配式建筑和绿色建筑、超低能耗建筑等结合起来的人才极度匮乏等问题，建议加强全产业链能力建设，主要采取以下措施：

（1）积极培育发展装配式建筑的专业化设计队伍（和咨询队伍）。

（2）进一步完善培训工作，不仅对产业工人进行培训，而且要对管理、设计、生产、施工、监理、检验检测、验收等全过程涉及人员进行装配式建筑教育和培训，形成全产业链的培训机制。

（3）制定装配式建筑岗位标准和要求，设立专业工种，引导传统工种向装配式建筑新工种的转变。

（4）鼓励总承包企业和专业企业按照装配式建筑产业发展要求，建立以装配式建筑为主要业务的专业化队伍。

（5）高等院校和职业学校相关专业要增加装配式建筑教学内容。

（6）相关专业执业资格考试和继续教育要强化装配式建筑内容。

三、创新方向——构建信息化监管体系

建议尽快建立适应装配式建筑质量和安全要求的全过程追溯体系。积极构建基于物联网的装配式建筑工程建设质量和安全管理全过程的数字化监管平台。以装配式建筑生产全过程的产业链为主线，采集报建材料、审查合格的施工图设计文件、部品部件原材料及出厂产品的检验和生产运输数据、重要装配节点的施工数字化记录、工程质量检验检测数据、竣工验收等全过程的相关数据，实现工程建设质量的可查询可追溯。以信息化手段严格落实建设、勘察、设计、施工、生产和监理各方主体的质量安全责任，落实各方主体项目负责人质量终身责任。

1.建设全寿命期信息管理体系

在全球信息化快速发展的趋势下，实行建设全寿命期管理是建筑业与信息化深度融合的重要体现，是贯穿建设项目决策、实施和运维全过程的、开放的、交互式的一整套应用方案。其核心是构建一个包含所有项目信息的系统化中心数据库，并以此为基础进行项目信息管理。要使建筑质量终身责任的倒逼机制发挥效用，必须建立装配式建筑全寿命期（50年以上）的可追溯机制。进入建筑质量追溯体系的任何装配式建筑或其部品部件，一旦出现质量缺陷，监管机构要能够拥有准确的信息证据对其进行追溯，这就需要追溯建设过程中记录的关键数据链。因此，对关键数据的管理是质量追溯的核心，只有梳理清楚建设项目全寿命期建设过程中的环环相扣的数据关系，并在实际业务执行中采集并存储这些关键信息，才能实现建设过程的正向跟踪与建筑质量的反向追溯。因此，实现质量信息追溯的关键是构建装配式建筑全寿命期信息体系。

2.建立基于物联网技术的质量信息采集体系

在装配式建筑的全寿命期中，各主体单位都要采集多维度的质量信息来确保实现质量责任追溯机制。依据装配式建筑建造过程设置以下七类信息采集点：（1）原材料检验；（2）生产过程；（3）部品部件入库；（4）运输装车；（5）部品部件进场；（6）部品部件安装；（7）部品部件安装检验。根据装配式建筑建造过程质量追溯所需信息，在各个信息采集点上采集所需数据，建立完整的装配式建筑质量追溯的信息体系。

3.建立质量追溯监管体系

（1）确保产业链上信息的完整性、准确性和实时性，使部品部件质量可监控、可追踪，增强装配式建筑质量追溯能力，健全质量监管长效机制。

（2）全过程、全方位的信息采集和海量数据的自动分析与处理功能，实现对装配式建筑项目从部品生产、仓储，到运输、堆场、安装、运维全过程的实时监控，为建设过程的精细化管理提供信息支持，达到缩短建造工期，提高建造效率，降低项目管理成本，保证建筑质量的目的。

（3）整合产业链上的市场资源，可以衍生出政府授权、企业认证、部品部件设计生产和技术服务等多方面业务，使建筑业设计、生产、经营活动向社会化大生产过渡，形成专业化生产、商品化供应的市场机制，推动装配式建筑的发展。

装配式建筑信息管理体系研究

第一节　装配式建筑信息化发展的背景和现状

一、现状

信息技术的发展对传统产业产生了巨大冲击，同时也为装配式建筑提供了技术支撑。伴随着互联网＋被提升到国家战略，作为我国重要支柱产业的建筑业又该如何实现信息化管理成为重要课题。众所周知：装配式建筑作为一个巨大的产业系统，包括：建材、部品部件生产、物流配送、设计、施工等多个子系统，充分利用互联网＋，促进其与装配式建筑更加高效的组合、协同和发展，并为新型城镇化提供助力和载体意义重大。互联网＋对于装配式建筑的促进主要体现在四个方面：一是促进全行业的协同创新，告别"条块化"发展模式；二是促进绿色低碳发展，确保建筑施工过程更加绿色和节约；三是通过建立模块化感知系统，促进建筑全生命周期的信息化管理；四是提升建筑业产业发展质量和效率。

作为一项利国利民的系统工程，一方面需要政府的引导、企业的创新，另一方面，也需要各类科研单位、学术机构、互联网企业的积极参与。更重要的是，应将涉及的建筑科学、项目管理、建筑施工和互联网技术等专业学科整体考虑，无缝对接协调，促进建筑产业思想理念、管理方式、发展路径的全面产业变革。这些都需要通过研究和建立装配式建筑信息化管理体系来逐步得以实现。

装配式建筑是指设计、生产、施工、装修和管理"五位一体"的体系化、集成化发展，不能只局限于"传统生产方式＋装配化"建筑，应具备五大特点："标准化设计、工厂化生产、装配化施工、一体化装修和信息化管理。"也就是说，用传统的设计、施工和管理模式进行装配化施工不是装配式建筑。

装配式建筑的核心是"集成"，BIM方法是"集成"的主线。这条主线串联起设计、生产、施工、装修和管理全过程，服务于设计、建设、运维、拆除的全生命周期。BIM技术可以数字化虚拟，信息化描述各种系统要素，实现信息化协同设计、可视化装配，工程量信息的交互和节点连接模拟及检验等全新运用，可以整合建筑全产业链，实现全过程、全方位的信息化集成。装配式建筑与BIM技术相结合前景广阔。

同时，产业互联网强调跨界和后期运营，利用互联网手段能为业主提供实时、全面的服务，云计算、BIM、大数据、智能终端和无所不在的网络将形成一种新的力量，为装配式建筑发展提供一种前所未有的工具。在信息化时代，信息技术将与建筑业深度结合，BIM技术将起到关键的基础作用。应用BIM技术，可大幅度提高建筑工程的集成化程度，促进建筑业生产方式转变，提高投资、设计、施工乃至整个工程生命期的质量和效率，提升科学决策和管理水平，最终提高工程质量（图 11-1）。

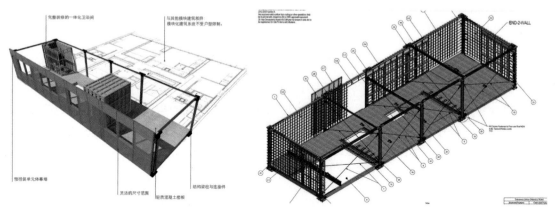

图 11-1　BIM 信息化模型

二、装配式建筑信息化发展的问题和需求

1. 设计标准化的矛盾与需求

设计标准化，这是建筑工业化的前提。要求设计标准化与多样化相结合，构配件设计要在标准化的基础上做到系列化、通用化。

目前来看，我国建筑业的产业流程被人为地分开——作为建筑产品最为关键的初始环节"建筑设计"被列为独立行业，与建筑施工处于不同的过程之中。在具体工程实践中，施工方必须严格地执行设计文件，按图施工。如果设计本身并无明显错误，施工方一般不可以按照自己的意图提出相应的设计变更。每一个建设工程的设计方都可能是不同的，对于具体建筑物的理解也千差万别，所确定的工艺做法也就会不一样，因此施工方以固定的、程序化、工业化的施工工艺或零部件来应对不同的建设项目是难以实现的。

可见，设计与施工过程的割裂，使得施工方不得不面对千差万别的建筑物，也使得设计方在设计时无需考虑也无法考虑具体的工艺过程。这种工作的独立性，更使得每一次建筑物的建设过程均成为个案，无法实现工业化。

如果利用 BIM 技术，就可以进行土建设计、结构设计、安装设计，还可以进行建筑物的性能分析，如：日照性能分析、采光性能分析、能耗性能分析、结构性能分析，同时还可以进行碰撞检测等，使建筑物在施工前就解决现场可能出现的各种问题。这样利用 BIM 出的图可以达到无错设计。通过 BIM 模型自动生成平、立、剖专业施工图，这样不仅可以避免重复工作，还可以避免错误。

2. 部品部件标准化的矛盾与需求

总体上说，目前我国建筑业的工业化生产体系尚未形成，建筑的标准化和通用化水平都很低。建造方式仍以现场施工为主，这就出现了建设工程的独特性与建筑工业化的标准化之间的矛盾。工程外观的独特性是建筑业生产管理的最基本特征，而工业化的基本特征则是标准化，标准化是大批量生产的前提，而大批量是低成本的保证。因此，差异化的建设项目与大批量生产之间必然存在着相应的矛盾，这些矛盾也使得建筑工业化的发展受到制约。虽然建筑物是千差万别的，但建筑物宏观状态的独特性，并不意味着建筑物的微观构成的独特性。由于建筑材料的特定性、同类建筑荷载的相似性、同类建筑微观功能的相似性，建筑物的微观状态必然是相类似的。尤其是在同一地区的同类建筑物中，这种相似性表现则更加明显。

经过多年的发展，建筑设计已经形成完整的规范化体系，大量的普通建筑，如办公楼、教学楼等的跨度、层高、荷载模式、使用材料、结构体系等关键参数已经趋于标准化或至少是准标准化。设计经验表明，某一个地区的同类建筑在微观的构造与处理上几乎是相同的，或至少同一设计单位、设计者的相关做法是相同的。国内很多地方都存在着地方性的标准图集或施工工艺标准，如果在此基础上经过有意识的处理，完全可以针对某一特定的建筑类别，实现标准化的构配件，并进而实现预制化。

如果利用 BIM 技术，将组成工程的每个部分分解成为尺寸、形状都标准化，可以定型生产的部品部件。在 BIM 中根据部品部件的特点，建立部品部件库，部品部件库可以包括建筑材料库、预制部品部件库（预制梁、预制板、柱、栏杆、门、窗等）、家具库（桌椅、厨卫、洁具、灯具等）等。建立 BIM 模型时可以利用部品部件库搭建整个建筑工程。建立部品部件库时，完善每个部品部件的信息。信息包含：部品部件的编号、尺寸信息、材质信息、位置信息，从而解决构配件标准化的问题。因此，利用 BIM 技术解决工程部品部件标准化的问题，能较好解决部品部件不规则、不规范的情况，从而实现构配件的生产专业化、商品化、实现工程装配式施工，推进装配式建筑向标准化、精细化方向发展。

三、管理信息化的矛盾与需求

运用计算机等信息化手段，从设计、制作到施工现场安装，全过程实行科学化组织管理，这是建筑工业化的重要保证。

信息化技术是集成建设系统实现系统集成与组织集成的基本前提与有效保证。从管理模式来看，集成建设系统并非实体企业，而是很多企业所构成的松散联合体，生产与施工组织过程中的地域限制、空间隔阂、标准差异、沟通障碍等问题，会致使信息指令的传递速度比实体企业缓慢，偏差也会人大增加。因此，全面、快捷的沟通与交流，减少信息沟通中的障碍、偏差与损失至关重要。

信息集成是通过信息平台与信息门户的构建，使得集成系统与产业链中的相关分包商、供应商与核心企业能够实现信息共享、及时沟通与办公自动化；实现基于信息系统的辅助建设过程。

BIM 模型是虚拟的建筑，通过这个虚拟建筑，可以把工程现场在计算机里展现出来。在计算机里面进行模拟和分析，如果发现问题可以方便解决，这样可以减少施工过程中的返工次数，避免了资源的浪费。还可以对不同的施工方案进行对比选出最优。这些过程由于只是计算机计算模拟，所以不会浪费太多时间更不会浪费资源。在 3D 的基础上又用 4D 更进一步模拟施工。4D 是指在 BIM 的 3D 模型的基础上增加时间的维度，可以对施工方案和工序进行检测，确保工程正常有序地进行。BIM 模型不光可以进行 4D 的施工模拟还可以在 4D 模型的基础上增加成本的维度建立 5D 模型，通过 5D 模型可以实现精细化的预算和项目成本的可视化，通过对工程项目进行 5D 仿真模拟，得到所有建筑部品部件的准确工程量，实现造价控制。

除此之外，信息化不仅仅意味着信息的流转过程，更意味着建筑物与预制部品部件的信息化。通过信息处理技术，将实体建筑物信息化，并进而借助于相关技术实现建筑物施工过程的虚拟化（Virtual Construction，虚拟建设），对建筑物的"可施工性"进行度量与评估——构建预期建筑物与现实的标准化的零部件、构配件、建筑模块之间的相关关系，实现模拟拼装与施工流程模拟，从而有效地指导现实的施工过程。

同时在施工组织中，通过信息集成与编码控制系统，实现从实体建筑的拆解、标准化构配件的成组化、委托加工，到零部件的验收、工作包拆分、构配件跟踪与监测的全过程信息化管理。

第二节　装配式建筑的信息化建设模式设计

要解决上述问题，搭建装配式建筑信息化和智慧建造、智慧管理的平台，应以装配式建筑与互联网的融合发展为突破口，抓住产业链的关键环节进行研究，探索有效整合和创新应用的方法，使互联网＋成为优化建筑产业效率，促进建筑产业专业化、绿色化、智能化发展的催化剂和整合器，实现建筑产业设计理念、全生命周期管理、管理制度等的全面优化和创新，从而达到以下目的：

平台建设。建立一个政府、企业、研究机构和其他服务商的合作平台，促进建筑产业相关利益主体间的协同。

产业高效整合。对现有"小、散、乱"产业局面进行整合，形成高效的建筑产业信息化运行系统。

行业管理创新。实现设计模式、建设模式、项目全生命周期管理和建筑运营安全等全面的创新。

大数据建设。利用大数据、云计算、传感设备和数据采集系统，变"物理建筑"为"数字建筑"，实现建筑的可追踪、可管理、可优化。

产业运营生态环境。提供一个装配式建筑运营的良好环境，政府、行业协会、金融机构根据"众扶"的理念，共同打造出产业创新的制度保障、组织保障和金融生态保障。

一、模式框架

1. 建筑部品部件智能制造

建筑智能制造，就是引入现代数字工厂的概念，根据用户的需求，迅速收集资源信息，对产品信息、工艺信息和资源信息进行分析、规划和重组，实现对产品设计和功能的仿真以及原型制造，进而快速生产出达到用户要求性能的产品的整个制造全过程。数字化工厂系统与装配式混凝土部品部件生产厂的有机结合将是未来装配式建筑的一大趋势，数字化的嵌入将使部品部件生产流程更加合理，生产安排更加缜密，提高部品部件精度及质量度，从而营造出　个现代化的建筑部品部件智能化大工厂。

2. 建筑信息模型化（BIM）

建筑信息模型（Building Information Modeling）是以建筑工程项目的各项相关信息数据作为模型的基础，进行建筑模型的建立，通过数字信息仿真模拟建筑物所具有的真实信息。它具有可视化、协调性、模拟性、优化性和可出图性五大特点。

3. 智能建筑系统

（1）智能建筑。以建筑物为平台，兼备信息设施系统、信息化应用系统、建筑设备管理系统、公共安全系统等，集结构、系统、服务、管理及其优化组合为一体，向人们提供安全、高效、便捷、节能、环保、健康的建筑环境。

（2）智能城市。智能建筑逐渐由单体向区域化发展，从而发展成大范围建筑群和建筑区的综合智能社区。通过智能建筑、智能小区间广域通信网络、通信管理中心的连接，继而使整个城市发展成为智能城市。

4. 智慧运营体系

就是互联网思维，通过平台构建为驱动，高效整合建筑产业链，构建装配式建筑生态圈（图11-2）。

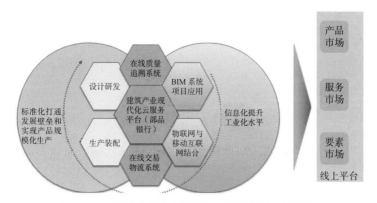

图 11-2　装配式建筑大数据智慧运营平台示意图

重点是构建三大中心，实现对建筑产业全产业链的驱动；实现生产和消费者的线上线下互动（图 11-3）。

二、模式实现路径

基于线上线下"物理信息融合"的理念，积极利用互联网和 BIM 技术，站在全行业可持续发展的角度，促进产业的高效整合。发挥社会各界力量，形成"政 - 产 - 学 - 研 - 资 - 媒 -

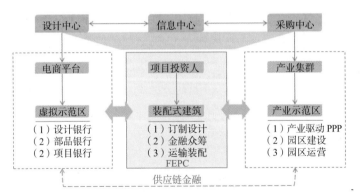

图 11-3 装配式建筑大数据运营结构图

介"的全社会合作圈，构建"平台"、"感知"、"应用"、"传输"和"支撑"五大系统，打造互联网＋装配式建筑生态圈。

1."平台层"——云平台系统

主要是指服务建筑产业设计、生产、交易的平台服务，其既可以是物理层面的服务集聚体和交互系统，又可以是基于互联思维的网络平台。主要包括：设计云社区、建筑新材电商平台、部品银行和技术研发与标准推广中心等。

（1）O2O设计云社区（如：万科云、智慧建筑设计APP）；

（2）建筑新材电商平台（交易功能）；

（3）部品银行；

（4）技术研发与标准推广中心。

2."感知层"——数据检测与采集系统

主要是指大数据的思维，主动顺应DT时代的需求，对建筑产业的企业个体、建筑单体、建设部件等进行适时的动态监测，并适时地做出必要应急策略的数据和感知系统。主要包括对建筑产业的行业动态监测、基于BIM的部品库云平台、建筑全寿命周期检测、智慧管廊等。

（1）行业数据动态监测；

（2）基于BIM的部品库（如：广联云）；

（3）建筑全寿命周期检测系统（建筑＋传感器，为建筑装上"芯"）；

（4）智慧管廊。

3."应用层"——创新示范系统

主要是指生产、建设对智慧技术和解决方案的具体应用，既包括微观层面的企业智能化建设、智慧工地、智慧生产线系统，也包括中观层面的智慧园区建设、城镇示范、区域装配式建筑示范，还包括面向生活中的场景应用。

（1）智慧企业（如：各建筑企业对广联达工程造价、工程设计和软件的应用）；

（2）智慧工地；

（3）智慧生产系统（高效的生产线、生产软件开发）；

（4）园区建设示范（新材料园区、建筑部品生产）；

（5）城镇示范（绿色节能、智慧系统、省域或县域"互联网＋装配式建筑示范"）；

（6）智慧应用场景开发（智慧家居、智慧养老社区、绿色节能监测）。

4."传输层"——信息和物流系统

主要是服务于建筑产业的人才流、信息流、物流等传输系统，既包括物理层面的物流配送系统，也包括基于信息传播的网络服务商。

（1）物流配送系统；

（2）网络服务商。

5."支撑层"——组织及运营保障系统

主要是指为促进装配式建筑和互联网高度融合的决策保障、组织保障、运营保障和后勤保障系统及产业生态环境保障系统。如：城市联盟、行业协会、征信机构、会议会展、交易培训、供应链金融和中小企业创新金融等。

（1）城市联盟；

（2）行业协会；

（3）征信机构；

（4）会议会展、教育培训；

（5）供应链金融；

（6）中小企业创新金融。

6."外部资源层"——建筑机械装备

（1）装配式混凝土部品部件生产设备；

（2）工程机械；

（3）其他安装设备。

装配式建筑PPP模式研究

第一节　PPP 模式的内涵与特征

一、PPP 模式内涵

PPP 模式（Public Private Partnerships）即公私合作伙伴制，主要指为了提供基础设施和公共服务（包括在公共服务领域其他服务内容）而在公共机构与民营机构之间达成伙伴关系，签署合同明确双方的权利和义务以确保这些项目的顺利完成，PPP 的基本特征包括共享投资收益，分担投资风险和责任。在这种制度安排中，民营承包商成为公共服务的长期提供者，而政府部门更多的则成为管制者，政府把主要的精力和资源放在规划、绩效的监督、契约的管理方面，而不是放在服务的直接管理和提供方面。

PPP 模式不同于一般意义上的民营化，后者除了民间拥有外，其运作主要受制于市场机制和政府一般性的规制（Regulation），政府的介入和干预是十分有限的，PPP 则不同，合作各方的责任、风险和回报主要受制于合约的规定。无论在何种形式下，政府或者公共部门都发挥着实质性的作用，政府都要对公共服务的生产和提供承担责任和负责，它所强调的仍然是保护和强化公共利益。政府在这种模式下还承担不同程度的责任：如提供土地、保证一些资源的供应，作出必要的允诺以及过程的监管。

PPP 模式原来主要用于大型交通基础建设项目，包括公路、轨道交通、城市公交、海港和机场建设等，近年来，PPP 模式也开始广泛应用于电力、供水、污水处理、医疗保健、教育等公共服务领域。

在经济学意义上，政府主要被赋予了配置（Allocate）经济资源、分配（Distribute）劳动成果以及稳定（Stabilize）社会三项职能，这在一定意义上也是政府存在的理由。而政府的配置职能则主要表现为在市场失灵的情况下，政府运用公共财政来提供公共物品，比如国家的公共基础设施建设。因而，传统上公共基础设施等公共事业都由政府单方面投资建设。

然而，政府干预经济并不是由于政府优越，而是由于市场存在缺陷。正与市场一样，政府也存在自身缺陷，如政府会出现信息陈旧、反应迟钝、效率低下等问题，政府也容易出现与公共利益的矛盾，尤其是在民主法制不健全、社会监督弱的国家和地区，政府决策往往更多代表的是个人利益或某个集团的利益。正是由于市场与政府都存在作用与弊端，经济学家的政策是将两者结合起来扬长避短，应该说两者不是替代关系而是互补关系。

随着社会经济和技术的发展，大多数公用事业已成为具有收费和成本补偿机制的可收费物品，其经营者可以通过这一机制获得一定的收益，另外，公用事业需求规模大而且稳定，市场广阔，一般为平均利润，逐步成为民间关注并介入的领域。民间参与政府投资项目，正成为一种成功有效的公共事业提供方式。

分清产品或服务的提供者、生产者之间的不同是有必要的。针对产品或服务的不同特征就可以分别采用不同的提供、生产机制，而并不一定是由政府或民间单独提供生产。在很多情况下，政府、民间的合作可能是最为有效的一种模式。通过这种合作形式，政府部门和民营部门都可以达到与预期单独行动相比更为有利的结果。在参与某个项目时，政府部门并不是把项目的风险与责任全部转移给民营部门，而是由双方共同承担责任和融资风险。PPP 代表的是一个完整的公私合作的概念，这是一种以各参与方的"双赢"或"多赢"为合作理念的现代管理思想。

PPP 模式是一个大的概念范畴，有广义和狭义之分。广义的 PPP 泛指公共部门和私人部门为提供公共产品或服务而建立的各种合作关系；而狭义的 PPP 是指合作双方的责任、风险和回报由特许合同（Concession Agreement）规定，私人部门参与决策，与公共部门共同承担风险和责任，或称特许经营模式，包含 BOT、TOT（Transfer–Operate–Transfer，转让—经营—转让）、DBFO（Design–Build–Finance–Operate，设计—建造—投资—经营）等多种模式。狭义的 PPP 更强调合作过程中的风险分担机制和项目的资金价值（Value for Money，VFM）原则。

二、PPP 项目的特性

在公共项目建设领域，有大量证据表明：在从事以市场为导向的活动方面，公共部门的效率低于私人部门（世界银行学院发展丛书《投资运营的经济分析》）。在公共项目建设中采用 PPP 模式，引入私营部门参与公共基础设施建设运营和公共事务管理，其目的也就是充分利用社会资源，使政府提供公共服务的效率得以提高。

公共项目投资中的公私合作依赖于项目实现的财务独立。潜在的利润是民营资本投资的动因，但足以支付运营成本的收入和充足的建设资本是项目可行的前提。与一般投资项目相比，PPP 项目引入私营部门参与公共投资项目，具有自身特点。

1. 各参与主体的目标呈多元化

PPP 模式的一个显著特点就是在公共项目建设中引入了私营部门，具有多个投资主体，除了政府投资以外，还包括来自私营部门的资金投入。根据项目的特点和各方的资金情况，各个不同的投资主体应合理分摊 PPP 项目投资。

由于 PPP 项目的参与主体众多，因此各参与方的目标也有所区别。对于公共部门而言，其目标主要是以合理的投入获得较高的效益，为社会公众提供所需的高质量的公共服务，促进资源的优化配置和社会经济状态的改进。而对于私营参与方而言，其主要目的是通过参与 PPP 项目，获得财务方面的收益，从而得到尽可能大的利润回报。项目各参与主体的目标差异决定了 PPP 项目设计和运作的复杂性，尤其表现在投资分摊、收益和风险的分配等多个方面。只有充分考虑参与各方的利益，并使之得到一定满足，才能调动各方积极性，使项目正常运作。

2. 收益方式多样化

PPP 项目在建成运营之后，直接收益来源主要是消费者支付的费用，如过路费、水电费等。除此之外，还可能有的收益有：

（1）政府补助；

（2）专项税收，如为道路维护征收的专项税；

（3）"价值追索"（Value capture），最典型的方式之一是"税收增值返还"；

（4）"特殊收益估价"，如索取由于基础设施带动的不动产的增值收益；

（5）出售因基础设施建设形成的或与其相关的权利，如道路沿线铺设通信电缆的权利；

（6）附带收益，如广告等。

一般 PPP 项目在私人收费定价上政府会进行干预，因为一般基础设施投资项目可能会产生区域性垄断，如自来水、道路、桥梁等，政府不可能由私人投资者自主定价。这样，此类项目评价在收入方面主要需要考虑多方面因素，包括与原有基础设施的竞争和与政府在未来该领域市场准入方面的约定等。

3. 项目具有特许期限

一般项目的周期是指项目从启动到项目不能再提供产品或服务为止的全寿命期。对于 PPP 项目特别是特许经营项目而言，项目具有特许期限，当特许期限结束，则表明项目周期的终止，特许权将重新进行拍卖。

合理的特许期限能够对私营部门起到良好的激励作用，有利于提高项目运作的效率。首先，组织特许权拍卖有一定的成本，这种成本还需要考虑特许权转移影响项目的正常经营而造成的损失。由于频繁组织拍卖所花费的总成本可能超过由此获得的竞争收益，因此在总成本与可能获得的收益间需要权衡，存在一个最优的特许权期限问题。其次，由于担心特许期内的投资无法完全收回，经营者将会尽量减少投资，特别是越到特许权期满时越节省投资，这对基础项目的长远发展是不利的。通过较长的特许权期限，减少经营者对失去特许权的担心，可以激励特许权人进行必要的投资；但是特许权期限的加长也减少了对经营者的竞争压力，会降低其对效率改进的追求。最后，对于有些基础项目，由于受价格水平和需求弹性的限制，过短的特许权期将无法保证投资者回收投资成本。许多情况下，特许权期的考虑是按照投资者收回投资成本并获得合理的回报率来考虑的。

根据世界各国开展基础设施特许经营的经验来看，特许权期限有很广的变化范围，管理合同一般为 3 ～ 10 年；租赁合同在 10 ～ 15 年；BOT 目的合同一般为 15 ～ 30 年，有些甚至更长。具有特许期限是 PPP 项目的重要特点，特许期满后一般需将项目移交给当地政府，所以项目投资者进行财务评价时是以从项目启动到项目特许期结束为计算期，而国民经济评价的计算期则可以使用全寿命期。

4. 风险转移和分配更为合理

通过 PPP 模式，政府将公共项目的部分风险转移至私营部门。在 PPP 项目中，私营部门通常只承担部分商业风险，而公共部门则承担政策变动、罢工等政治风险和利率变动、通货膨胀等系统性风险,还有一些风险则通过投保的方式规避。这种风险分担模式使相关各方义务承担的风险与各自的风险承担能力匹配起来,从而大大增强了 PPP 项目的抗风险能力,有利于项目的成功。

第二节 PPP 操作的主要模式

PPP 是一种项目建设的整体理念,公共项目的全寿命周期的各个环节都可以采用公共民营合作方式,其中包括:项目设计、项目管理、项目建造、融资、营运和管理、维护、服务和营销等,涉及不同环节的 PPP 具体实现方式也会不相同,其各种运作方式如图 12-1 所示,图 12-1 中从左到右,运作模式政府参与程度由低到高。

					政府参与程度:由低到高
典型模式	购买服务	授权+特许经营/永续经营	资源补偿+收益分成	注资+特许经营	注资+股权回购
社会资本参与方式	(1)委托运营;(2)管理合同	特许运营	(1)资本注入;(2)资产经营收益;(3)存量资产收益	(1)资本注入;(2)特许经营权	(1)资本注入;(2)特许经营权;(3)股权溢价
常用方式	(1)O&M;(2)MC	(1)TOO;(2)BO-O	(1)BOT-ROT;(2)DBFO	(1)BOO、TOT;(2)DBFO	(1)BOT、BLT;(2)DBFO
适用领域	(1)能源、交通;(2)水利、环保		(1)产业园区、旧城改造、片区开发;(2)市政公用设施与片区开发结合		

图 12-1 PPP 各类模式对比图

一、服务协议(Service Contract)

政府可将公共设施的一些特殊服务项目,如公路收费、清洁等服务项目外包给民营企业。政府公共部门仍需对设施的运营和维护负责,承担项目融资、建设、经营风险。这类协议的时间一般短于 5 年。

二、运营和维护协议(Operation&Maintenance Contract)或管理协议(Management Contract)

政府和民营部门签订运营和维护协议,由民营企业负责对市政设施进行运营和维护,获取商业利润。在该协议下,民营部门承担设施运行和维护过程中的全部责任,但不承担资本风险。该模式的目的就是通过引入民营企业，提高市政设施的运营效率和服务质量。

三、转让—运营—转让（Transfer-Operate-Transfer）

应用 TOT 运作模式，政府首先与民营部门签订特许经营协议，将建好的基础设施移交给特许经营者运营，以该项目未来若干年的收益为基础，一次性从民营部门融得资金，用于开发新的基础设施；其次，在特许经营期内，民营部门在国家法律、有关政策、法规的规定下和政府的监督下，独立运营项目，以项目的现金流入作为投资的回收。特许期结束，政府收回项目的特许经营权。一般转让只涉及项目的经营权。对于民营部门来说，避免了项目开发阶段复杂的审批程序，如征用土地、城市规划等，消除了前期费用负担和开发风险。因此，对民间资本具有较大的吸引力。对于项目已进行过一段时间的运营，各方面关系已基本确定，未来收益状况也基本明朗，降低了民营部门运营困难和运营风险，同时，也有利于政府进行监督和控制。例如福禧投资收购"沪杭高速上海段"30 年收费经营权，转让价格高达 32 亿元。

四、建设—运营—转让（Build-Operate-Transfer）

政府部门与民营部门签订特许经营协议，授予民营合作者来承担项目的投资、融资、建设、经营与维护，在协议规定的特许期限内，民营合作者负责开发、建设项目并经营项目获取商业利润；在项目特许期末根据协议由项目所在国政府或所属机构支付一定量资金（或无偿）取得项目。实例有高速公路项目、竹园污水处理厂、金山紫石自来水污水处理项目、安亭国际汽车城污水垃圾处理系统等，基本项目结构为民营投资者出资 30%，政府授予 20～30 年特许经营权，收费权质押银行融资，投资者承担投资风险，到期政府无偿收回资产。还有一种与此相类似的 PPP 运作模式，称为建设—运营—拥有—转让（Build—Own—Operate-Transfer，BOOT），更强调特许期内民营部门拥有设施的所有权。

五、建设—拥有—运营（Build—Own—Operate）

在此合作方式下，不需要把该项目的所有权最后移交给政府。由民营部门负责市政设施的融资、建设，并拥有该项设施，对其进行永久性经营。政府将全部风险转移给民营部门，政府仅行使监管职能。

第三节 装配式建筑相关 PPP 模式设计

一、装配式建筑的 PPP 项目建设模式

在政府主导投资的装配式建筑项目，如学校、医院、其他公建和城市更新中的棚户区改造以及美丽乡村建设中的精准扶贫和农村污水处理的项目中，可以采用 PPP 模式与具备总承

包能力的装配式建筑相关企业合作进行开发和建设（图 12-2）。

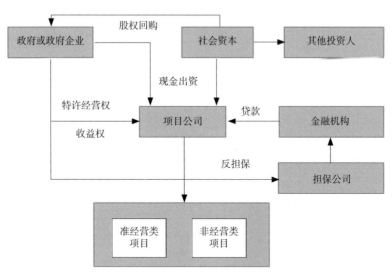

图 12-2　装配式建筑 PPP 项目模式路径图

二、装配式建筑的 PPP 园区建设模式

装配式建筑发展需要多要素叠加以达到产业要素集聚的目的，在这个过程中，产业园区非常关键，起到承载和吸引核心产业要素进行集聚形成产业吸附和中心效应的作用。与传统的产业园区建设的参与模式不同的是，PPP 模式之下社会资本参与装配式建筑园区建设，要走 DBFO（设计 - 建设 - 金融 - 运营）的路径，从顶层设计之后全面参与园区的战略、产业、空间、金融、招商和运营等系统性工作，一是保障园区后期建设和运营的效果，二是保障投资回报与退出（图 12-3）。

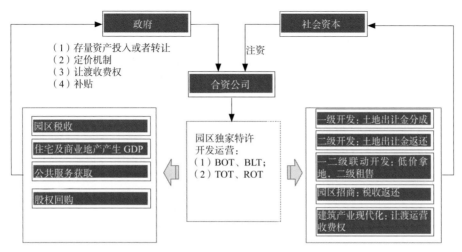

图12-3　装配式建筑PPP园区模式路径图

三、装配式建筑园区建设的 PPP 进入及退出机制

装配式建筑 PPP 园区模式退出机制示意如图 12-4 所示。

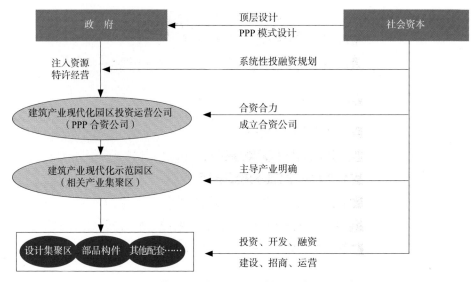

图 12-4 装配式建筑 PPP 园区模式退出机制示意图

图 12-5　会议情况（一）

图 12-6　会议情况（二）

附录1 国务院办公厅关于大力发展装配式建筑的指导意见

国办发〔2016〕71号

各省、自治区、直辖市人民政府，国务院各部委、各直属机构：

装配式建筑是用预制部品部件在工地装配而成的建筑。发展装配式建筑是建造方式的重大变革，是推进供给侧结构性改革和新型城镇化发展的重要举措，有利于节约资源能源、减少施工污染、提升劳动生产效率和质量安全水平，有利于促进建筑业与信息化工业化深度融合、培育新产业新动能、推动化解过剩产能。近年来，我国积极探索发展装配式建筑，但建造方式大多仍以现场浇筑为主，装配式建筑比例和规模化程度较低，与发展绿色建筑的有关要求以及先进建造方式相比还有很大差距。为贯彻落实《中共中央 国务院关于进一步加强城市规划建设管理工作的若干意见》和《政府工作报告》部署，大力发展装配式建筑，经国务院同意，现提出以下意见。

一、总体要求

（一）指导思想。全面贯彻党的十八大和十八届三中、四中、五中全会以及中央城镇化工作会议、中央城市工作会议精神，认真落实党中央、国务院决策部署，按照"五位一体"总体布局和"四个全面"战略布局，牢固树立和贯彻落实创新、协调、绿色、开放、共享的发展理念，按照适用、经济、安全、绿色、美观的要求，推动建造方式创新，大力发展装配式混凝土建筑和钢结构建筑，在具备条件的地方倡导发展现代木结构建筑，不断提高装配式建筑在新建建筑中的比例。坚持标准化设计、工厂化生产、装配化施工、一体化装修、信息化管理、智能化应用，提高技术水平和工程质量，促进建筑产业转型升级。

（二）基本原则。坚持市场主导、政府推动。适应市场需求，充分发挥市场在资源配置中的决定性作用，更好发挥政府规划引导和政策支持作用，形成有利的体制机制和市场环境，促进市场主体积极参与、协同配合，有序发展装配式建筑。

坚持分区推进、逐步推广。根据不同地区的经济社会发展状况和产业技术条件，划分重点推进地区、积极推进地区和鼓励推进地区，因地制宜、循序渐进、以点带面、试点先行，及时总结经验，形成局部带动整体的工作格局。

坚持顶层设计、协调发展。把协同推进标准、设计、生产、施工、使用维护等作为发展装配式建筑的有效抓手，推动各个环节有机结合，以建造方式变革促进工程建设全过程提质增效，带动建筑业整体水平的提升。

（三）工作目标。以京津冀、长三角、珠三角三大城市群为重点推进地区，常住人口超过 300 万的其他城市为积极推进地区，其余城市为鼓励推进地区，因地制宜发展装配式混凝土结构、钢结构和现代木结构等装配式建筑。力争用 10 年左右的时间，使装配式建筑占新建建筑面积的比例达到 30%。同时，逐步完善法律法规、技术标准和监管体系，推动形成一批设计、施工、部品部件规模化生产企业，具有现代装配建造水平的工程总承包企业以及与之相适应的专业化技能队伍。

二、重点任务

（四）健全标准规范体系。加快编制装配式建筑国家标准、行业标准和地方标准，支持企业编制标准、加强技术创新，鼓励社会组织编制团体标准，促进关键技术和成套技术研究成果转化为标准规范。强化建筑材料标准、部品部件标准、工程标准之间的衔接。制订装配式建筑工程定额等计价依据。完善装配式建筑防火抗震防灾标准。研究建立装配式建筑评价标准和方法。逐步建立完善覆盖设计、生产、施工和使用维护全过程的装配式建筑标准规范体系。

（五）创新装配式建筑设计。统筹建筑结构、机电设备、部品部件、装配施工、装饰装修，推行装配式建筑一体化集成设计。推广通用化、模数化、标准化设计方式，积极应用建筑信息模型技术，提高建筑领域各专业协同设计能力，加强对装配式建筑建设全过程的指导和服务。鼓励设计单位与科研院所、高校等联合开发装配式建筑设计技术和通用设计软件。

（六）优化部品部件生产。引导建筑行业部品部件生产企业合理布局，提高产业聚集度，培育一批技术先进、专业配套、管理规范的骨干企业和生产基地。支持部品部件生产企业完善产品品种和规格，促进专业化、标准化、规模化、信息化生产，优化物流管理，合理组织配送。积极引导设备制造企业研发部品部件生产装备机具，提高自动化和柔性加工技术水平。建立部品部件质量验收机制，确保产品质量。

（七）提升装配施工水平。引导企业研发应用与装配式施工相适应的技术、设备和机具，提高部品部件的装配施工连接质量和建筑安全性能。鼓励企业创新施工组织方式，推行绿色施工，应用结构工程与分部分项工程协同施工新模式。支持施工企业总结编制施工工法，提高装配施工技能，实现技术工艺、组织管理、技能队伍的转变，打造一批具有较高装配施工技术水平的骨干企业。

（八）推进建筑全装修。实行装配式建筑装饰装修与主体结构、机电设备协同施工。积极推广标准化、集成化、模块化的装修模式，促进整体厨卫、轻质隔墙等材料、产品和设备管线集成化技术的应用，提高装配化装修水平。倡导菜单式全装修，满足消费者个性化需求。

（九）推广绿色建材。提高绿色建材在装配式建筑中的应用比例。开发应用品质优良、节能环保、功能良好的新型建筑材料，并加快推进绿色建材评价。鼓励装饰与保温隔热材料一体化应用。推广应用高性能节能门窗。强制淘汰不符合节能环保要求、质量性能差的建筑材料，确保安全、绿色、环保。

（十）推行工程总承包。装配式建筑原则上应采用工程总承包模式，可按照技术复杂类工程项目招投标。工程总承包企业要对工程质量、安全、进度、造价负总责。要健全与装配式建筑总承包相适应的发包承包、施工许可、分包管理、工程造价、质量安全监管、竣工验收等制度，实现工程设计、部品部件生产、施工及采购的统一管理和深度融合，优化项目管理方式。鼓励建立装配式建筑产业技术创新联盟，加大研发投入，增强创新能力。支持大型设计、施工和部品部件生产企业通过调整组织架构、健全管理体系，向具有工程管理、设计、施工、生产、采购能力的工程总承包企业转型。

（十一）确保工程质量安全。完善装配式建筑工程质量安全管理制度，健全质量安全责任体系，落实各方主体质量安全责任。加强全过程监管，建设和监理等相关方可采用驻厂监造等方式加强部品部件生产质量管控；施工企业要加强施工过程质量安全控制和检验检测，完善装配施工质量保证体系；在建筑物明显部位设置永久性标牌，公示质量安全责任主体和主要责任人。加强行业监管，明确符合装配式建筑特点的施工图审查要求，建立全过程质量追溯制度，加大抽查抽测力度，严肃查处质量安全违法违规行为。

三、保障措施

（十二）加强组织领导。各地区要因地制宜研究提出发展装配式建筑的目标和任务，建立健全工作机制，完善配套政策，组织具体实施，确保各项任务落到实处。各有关部门要加大指导、协调和支持力度，将发展装配式建筑作为贯彻落实中央城市工作会议精神的重要工作，列入城市规划建设管理工作监督考核指标体系，定期通报考核结果。

（十三）加大政策支持。建立健全装配式建筑相关法律法规体系。结合节能减排、产业发展、科技创新、污染防治等方面政策，加大对装配式建筑的支持力度。支持符合高新技术企业条件的装配式建筑部品部件生产企业享受相关优惠政策。符合新型墙体材料目录的部品部件生产企业，可按规定享受增值税即征即退优惠政策。在土地供应中，可将发展装配式建筑的相关要求纳入供地方案，并落实到土地使用合同中。鼓励各地结合实际出台支持装配式建筑发展的规划审批、土地供应、基础设施配套、财政金融等相关政策措施。政府投资工程要带头发展装配式建筑，推动装配式建筑"走出去"。在中国人居环境奖评选、国家生态园林城市评估、绿色建筑评价等工作中增加装配式建筑方面的指标要求。

（十四）强化队伍建设。大力培养装配式建筑设计、生产、施工、管理等专业人才。鼓励高等学校、职业学校设置装配式建筑相关课程，推动装配式建筑企业开展校企合作，创新人才培养模式。在建筑行业专业技术人员继续教育中增加装配式建筑相关内容。加大职业技能培训资金投入，建立培训基地，加强岗位技能提升培训，促进建筑业农民工向技术工人转型。加强国际交流合作，积极引进海外专业人才参与装配式建筑的研发、生产和管理。

（十五）做好宣传引导。通过多种形式深入宣传发展装配式建筑的经济社会效益，广泛宣传装配式建筑基本知识，提高社会认知度，营造各方共同关注、支持装配式建筑发展的良好氛围，促进装配式建筑相关产业和市场发展。

国务院办公厅

2016 年 9 月 27 日

附录2 全国"十三五"装配式建筑行动方案

为深入贯彻《国务院办公厅关于大力发展装配式建筑的指导意见》（国办发[2016]71号）和《国务院办公厅关于促进建筑业持续健康发展的意见》（国办发[2017]19号），进一步明确阶段性工作目标，落实重点任务，强化保障措施，突出抓规划、抓标准、抓产业、抓队伍，促进装配式建筑全面发展，特制定本行动方案。

一、确定工作目标

到2020年，全国装配式建筑占新建建筑的比例达到15%以上，其中重点推进地区达到20%以上，积极推进地区达到15%以上，鼓励推进地区达到10%以上。鼓励各地制定更高的发展目标。建立健全装配式建筑政策体系、规划体系、标准体系、技术体系、产品体系和监管体系，形成一批装配式建筑设计、施工、部品部件规模化生产企业和工程总承包企业，形成装配式建筑专业化队伍，全面提升装配式建筑质量、效益和品质，实现装配式建筑全面发展。

到2020年，培育50个以上装配式建筑示范城市，200个以上装配式建筑产业基地，500个以上装配式建筑示范工程，建设30个以上装配式建筑科技创新基地，充分发挥示范引领和带动作用。

二、明确重点任务

（一）编制发展规划。

各省（区、市）和重点城市住房城乡建设主管部门要抓紧编制完成装配式建筑发展规划，明确发展目标和主要任务，细化阶段性工作安排，提出保障措施。重点做好装配式建筑产业发展规划，合理布局产业基地，实现市场供需基本平衡。

制定全国木结构建筑发展规划，明确发展目标和任务，确定重点发展地区，开展试点示范。具备木结构建筑发展条件的地区可编制专项规划。

（二）健全标准体系。

建立完善覆盖设计、生产、施工和使用维护全过程的装配式建筑标准规范体系。支持地方、社会团体和企业编制装配式建筑相关配套标准，促进关键技术和成套技术研究成果转化为标准规范。编制与装配式建筑相配套的标准图集、工法、手册、指南等。

强化建筑材料标准、部品部件标准、工程建设标准之间的衔接。建立统一的部品部件产品标准和认证、标识等体系，制定相关评价通则，健全部品部件设计、生产和施工工艺标准。严格执行《建筑模数协调标准》、部品部件公差标准，健全功能空间与部品部件之间的协调标准。

积极开展《装配式混凝土建筑技术标准》、《装配式钢结构建筑技术标准》、《装配式木结构建筑技术标准》以及《装配式建筑评价标准》宣传贯彻和培训交流活动。

（三）完善技术体系。

建立装配式建筑技术体系和关键技术、配套部品部件评估机制，梳理先进成熟可靠的新技术、新产品、新工艺，定期发布装配式建筑技术和产品公告。

加大研发力度。研究装配率较高的多高层装配式混凝土建筑的基础理论、技术体系和施工工艺工法，研究高性能混凝土、高强钢筋和消能减震、预应力技术在装配式建筑中的应用。突破钢结构建筑在围护体系、材料性能、连接工艺等方面的技术瓶颈。推进中国特色现代木结构建筑技术体系及中高层木结构建筑研究。推动"钢-混"、"钢-木"、"木-混"等装配式组合结构的研发应用。

（四）提高设计能力。

全面提升装配式建筑设计水平。推行装配式建筑一体化集成设计，强化装配式建筑设计对部品部件生产、安装施工、装饰装修等环节的统筹。推进装配式建筑标准化设计，提高标准化部品部件的应用比例。装配式建筑设计深度要达到相关要求。

提升设计人员装配式建筑设计理论水平和全产业链统筹把握能力，发挥设计人员主导作用，为装配式建筑提供全过程指导。提倡装配式建筑在方案策划阶段进行专家论证和技术咨询，促进各参与主体形成协同合作机制。

建立适合建筑信息模型（BIM）技术应用的装配式建筑工程管理模式，推进BIM技术在装配式建筑规划、勘察、设计、生产、施工、装修、运行维护全过程的集成应用，实现工程建设项目全生命周期数据共享和信息化管理。

（五）增强产业配套能力。

统筹发展装配式建筑设计、生产、施工及设备制造、运输、装修和运行维护等全产业链，增强产业配套能力。

建立装配式建筑部品部件库，编制装配式混凝土建筑、钢结构建筑、木结构建筑、装配化装修的标准化部品部件目录，促进部品部件社会化生产。采用植入芯片或标注二维码等方式，实现部品部件生产、安装、维护全过程质量可追溯。建立统一的部品部件标准、认证与标识信息平台，公开发布相关政策、标准、规则程序、认证结果及采信信息。建立部品部件质量验收机制，确保产品质量。

完善装配式建筑施工工艺和工法，研发与装配式建筑相适应的生产设备、施工设备、机具和配套产品，提高装配施工、安全防护、质量检验、组织管理的能力和水平，提升部品部件的施工质量和整体安全性能。

培育一批设计、生产、施工一体化的装配式建筑骨干企业，促进建筑企业转型发展。发挥装配式建筑产业技术创新联盟的作用，加强产学研用等各种市场主体的协同创新能力，促进新技术、新产品的研发与应用。

（六）推行工程总承包。

各省（区、市）住房城乡建设主管部门要按照"装配式建筑原则上应采用工程总承包模式，可按照技术复杂类工程项目招投标"的要求，制定具体措施，加快推进装配式建筑项目采用工程总承包模式。工程总承包企业要对工程质量、安全、进度、造价负总责。

装配式建筑项目可采用"设计 - 采购 - 施工"（EPC）总承包或"设计 - 施工"（D-B）总承包等工程项目管理模式。政府投资工程应带头采用工程总承包模式。设计、施工、开发、生产企业可单独或组成联合体承接装配式建筑工程总承包项目，实施具体的设计、施工任务时应由有相应资质的单位承担。

（七）推进建筑全装修。

推行装配式建筑全装修成品交房。各省（区、市）住房城乡建设主管部门要制定政策措施，明确装配式建筑全装修的目标和要求。推行装配式建筑全装修与主体结构、机电设备一体化设计和协同施工。全装修要提供大空间灵活分隔及不同档次和风格的菜单式装修方案，满足消费者个性化需求。完善《住宅质量保证书》和《住宅使用说明书》文本关于装修的相关内容。

加快推进装配化装修，提倡干法施工，减少现场湿作业。推广集成厨房和卫生间、预制隔墙、主体结构与管线相分离等技术体系。建设装配化装修试点示范工程，通过示范项目的现场观摩与交流培训等活动，不断提高全装修综合水平。

（八）促进绿色发展。

积极推进绿色建材在装配式建筑中的应用。编制装配式建筑绿色建材产品目录。推广绿色多功能复合材料，发展环保型木质复合、金属复合、优质化学建材及新型建筑陶瓷等绿色建材。到 2020 年，绿色建材在装配式建筑中的应用比例达到 50% 以上。

装配式建筑要与绿色建筑、超低能耗建筑等相结合，鼓励建设综合示范工程。装配式建筑要全面执行绿色建筑标准，并在绿色建筑评价中逐步加大装配式建筑的权重。推动太阳能光热光伏、地源热泵、空气源热泵等可再生能源与装配式建筑一体化应用。

（九）提高工程质量安全。

加强装配式建筑工程质量安全监管，严格控制装配式建筑现场施工安全和工程质量，强化质量安全责任。

加强装配式建筑工程质量安全检查，重点检查连接节点施工质量、起重机械安全管理等，全面落实装配式建筑工程建设过程中各方责任主体履行责任情况。

加强工程质量安全监管人员业务培训，提升适应装配式建筑的质量安全监管能力。

（十）培育产业队伍。

开展装配式建筑人才和产业队伍专题研究，摸清行业人才基数及需求规模，制定装配式建筑人才培育相关政策措施，明确目标任务，建立有利于装配式建筑人才培养和发展的长效机制。

加快培养与装配式建筑发展相适应的技术和管理人才，包括行业管理人才、企业领军人才、专业技术人员、经营管理人员和产业工人队伍。开展装配式建筑工人技能评价，引导装配式建筑相关企业培养自有专业人才队伍，促进建筑业农民工转化为技术工人。促进建筑劳务企业转型创新发展，建设专业化的装配式建筑技术工人队伍。

依托相关的院校、骨干企业、职业培训机构和公共实训基地，设置装配式建筑相关课程，建立若干装配式建筑人才教育培训基地。在建筑行业相关人才培养和继续教育中增加装配式建筑相关内容。推动装配式建筑企业开展企校合作，创新人才培养模式。

三、保障措施

（十一）落实支持政策。

各省（区、市）住房城乡建设主管部门要制定贯彻国办发 [2016]71 号文件的实施方案，逐项提出落实政策和措施。鼓励各地创新支持政策，加强对供给侧和需求侧的双向支持力度，利用各种资源和渠道，支持装配式建筑的发展，特别是要积极协调国土部门在土地出让或划拨时，将装配式建筑作为建设条件内容，在土地出让合同或土地划拨决定书中明确具体要求。装配式建筑工程可参照重点工程报建流程纳入工程审批绿色通道。各地可将装配率水平作为支持鼓励政策的依据。

强化项目落地，要在政府投资和社会投资工程中落实装配式建筑要求，将装配式建筑工作细化为具体的工程项目，建立装配式建筑项目库，于每年第一季度向社会发布当年项目的名称、位置、类型、规模、开工竣工时间等信息。

在中国人居环境奖评选、国家生态园林城市评估、绿色建筑等工作中增加装配式建筑方面的指标要求，并不断完善。

（十二）创新工程管理。

各级住房城乡建设主管部门要改革现行工程建设管理制度和模式，在招标投标、施工许可、部品部件生产、工程计价、质量监督和竣工验收等环节进行建设管理制度改革，促进装配式建筑发展。

建立装配式建筑全过程信息追溯机制，把生产、施工、装修、运行维护等全过程纳入信息化平台，实现数据即时上传、汇总、监测及电子归档管理等，增强行业监管能力。

（十三）建立统计上报制度。

建立装配式建筑信息统计制度，搭建全国装配式建筑信息统计平台。要重点统计装配式建筑总体情况和项目进展、部品部件生产状况及其产能、市场供需情况、产业队伍等信息，并定期上报。按照《装配式建筑评价标准》规定，用装配率作为装配式建筑认定指标。

（十四）强化考核监督。

住房和城乡建设部每年 4 月底前对各地进行建筑节能与装配式建筑专项检查，重点检查各地装配式建筑发展目标完成情况、产业发展情况、政策出台情况、标准规范编制情况、质量安全情况等，并通报考核结果。

各省（区、市）住房城乡建设主管部门要将装配式建筑发展情况列入重点考核督查项目，作为住房城乡建设领域一项重要考核指标。

（十五）加强宣传推广。

各省（区、市）住房城乡建设主管部门要积极行动，广泛宣传推广装配式建筑示范城市、产业基地、示范工程的经验。充分发挥相关企事业单位、行业学协会的作用，开展装配式建筑的技术经济政策解读和宣传贯彻活动。鼓励各地举办或积极参加各种形式的装配式建筑展览会、交流会等活动，加强行业交流。

　　要通过电视、报刊、网络等多种媒体和售楼处等多种场所，以及宣传手册、专家解读文章、典型案例等各种形式普及装配式建筑相关知识，宣传发展装配式建筑的经济社会环境效益和装配式建筑的优越性，提高公众对装配式建筑的认知度，营造各方共同关注、支持装配式建筑发展的良好氛围。

　　各省（区、市）住房城乡建设主管部门要切实加强对装配式建筑工作的组织领导，建立健全工作和协商机制，落实责任分工，加强监督考核，扎实推进装配式建筑全面发展。

附录3 装配式建筑示范城市管理办法

第一章 总 则

第一条 为贯彻《中共中央 国务院关于进一步加强城市规划建设管理工作的若干意见》、《国务院办公厅关于大力发展装配式建筑的指导意见》（国办发[2016]71号）关于发展新型建造方式，大力推广装配式建筑的要求，规范管理国家装配式建筑示范城市，根据《中华人民共和国建筑法》《中华人民共和国科技成果转化法》《建设工程质量管理条例》《民用建筑节能条例》和《住房和城乡建设部科学技术计划项目管理办法》等有关法律法规和规定，制定本管理办法。

第二条 装配式建筑示范城市（以下简称示范城市）是指在装配式建筑发展过程中，具有较好的产业基础，并在装配式建筑发展目标、支持政策、技术标准、项目实施、发展机制等方面能够发挥示范引领作用，并按照本管理办法认定的城市。

第三条 示范城市的申请、评审、认定、发布和监督管理，适用本办法。

第四条 各地在制定实施相关优惠支持政策时，应向示范城市倾斜。

第二章 申 请

第五条 申请示范的城市向当地省级住房城乡建设主管部门提出申请。

第六条 申请示范的城市应符合下列条件：

1. 具有较好的经济、建筑科技和市场发展等条件；

2. 具备装配式建筑发展基础，包括较好的产业基础、标准化水平和能力、一定数量的设计生产施工企业和装配式建筑工程项目等；

3. 制定了装配式建筑发展规划，有较高的发展目标和任务；

4. 有明确的装配式建筑发展支持政策、专项管理机制和保障措施；

5. 本地区内装配式建筑工程项目一年内未发生较大及以上生产安全事故；

6. 其他应具备的条件。

第七条 申请示范的城市需提供以下材料：

1. 装配式建筑示范城市申请表；

2. 装配式建筑示范城市实施方案（以下简称实施方案）；

3. 其他应提供的材料。

第三章 评审和认定

第八条 住房和城乡建设部根据各地装配式建筑发展情况确定各省（区、市）示范城市推荐名额。

第九条 省级住房城乡建设主管部门组织专家评审委员会，对申请示范的城市进行评审。

第十条 评审专家委员会一般由 5 ~ 7 名专家组成，专家委员会设主任委员 1 人，副主任委员 1 人，由主任委员主持评审工作。专家委员会应客观、公正，遵循回避原则，并对评审结果负责。

第十一条 评审内容主要包括：

1. 当地的经济、建筑科技和市场发展等基础条件；

2. 装配式建筑发展的现状：政策出台情况、产业发展情况、标准化水平和能力、龙头企业情况、项目实施情况、组织机构和工作机制等；

3. 装配式建筑的发展规划、目标和任务；

4. 实施方案和下一步将要出台的支持政策和措施等。

各地可结合实际细化评审内容和要求。

第十二条 省级住房城乡建设主管部门按照给定的名额向住房和城乡建设部推荐示范城市。

第十三条 住房和城乡建设部委托部科技与产业化发展中心（住宅产业化促进中心）复核各省（区、市）推荐城市和申请材料，必要时可组织专家和有关管理部门对推荐城市进行现场核查。复核结果经住房和城乡建设部认定后公布示范城市名单，并纳入部科学技术计划项目管理。对不符合要求的城市不予认定。

第四章 管理与监督

第十四条 示范城市应按照实施方案组织实施，及时总结经验，向上级住房城乡建设主管部门提供年度报告并接受检查。

第十五条 示范城市应加强经验交流与宣传推广，积极配合其他城市参观学习，发挥示范引领作用。

第十六条 省级住房城乡建设主管部门负责本地区示范城市的监督管理，定期组织检查和考核。

第十七条 住房和城乡建设部对示范城市的工作目标、主要任务和政策措施落实执行情况进行抽查，通报抽查结果。

第十八条 示范城市未能按照实施方案制定的工作目标组织实施的，住房和城乡建设部商当地省级住房和城乡建设部门提出处理意见，责令限期改正，情节严重的给予通报，在规定整改期限内仍不能达到要求的，由住房和城乡建设部撤销示范城市认定。

第十九条 住房和城乡建设部定期对示范城市进行全面评估，评估合格的城市继续认定为示范城市，评估不合格的城市由住房和城乡建设部撤销其示范城市认定。

第五章 附 则

第二十条 本管理办法自发布之日起实施，原《国家住宅产业化基地试行办法》（建住房 [2006]150 号）同时废止。

第二十一条 本办法由住房和城乡建设部建筑节能与科技司负责解释，住房和城乡建设部科技与产业化发展中心（住宅产业化促进中心）协助组织实施。

附录4　装配式建筑产业基地管理办法

第一章　总　　则

第一条　为贯彻《中共中央　国务院关于进一步加强城市规划建设管理工作的若干意见》、《国务院办公厅关于大力发展装配式建筑的指导意见》（国办发[2016]71号）关于发展新型建造方式，大力推广装配式建筑的要求，规范管理国家装配式建筑产业基地，根据《中华人民共和国建筑法》、《中华人民共和国科技成果转化法》、《建设工程质量管理条例》、《民用建筑节能条例》和《住房和城乡建设部科学技术计划项目管理办法》等有关法律法规和规定，制定本管理办法。

第二条　装配式建筑产业基地（以下简称产业基地）是指具有明确的发展目标、较好的产业基础、技术先进成熟、研发创新能力强、产业关联度大、注重装配式建筑相关人才培养培训、能够发挥示范引领和带动作用的装配式建筑相关企业，主要包括装配式建筑设计、部品部件生产、施工、装备制造、科技研发等企业。

第三条　产业基地的申请、评审、认定、发布和监督管理，适用本办法。

第四条　产业基地优先享受住房和城乡建设部和所在地住房城乡建设管理部门的相关支持政策。

第二章　申　　请

第五条　申请产业基地的企业向当地省级住房城乡建设主管部门提出申请。

第六条　申请产业基地的企业应符合下列条件：

1. 具有独立法人资格；

2. 具有较强的装配式建筑产业能力；

3. 具有先进成熟的装配式建筑相关技术体系，建筑信息模型（BIM）应用水平高；

4. 管理规范，具有完善的现代企业管理制度和产品质量控制体系，市场信誉良好；

5. 有一定的装配式建筑工程项目实践经验，以及与产业能力相适应的标准化水平和能力，具有示范引领作用；

6. 其他应具备的条件。

第七条　申请产业基地的企业需提供以下材料：

1. 产业基地申请表；

2. 产业基地可行性研究报告；

3. 企业营业执照、资质等相关证书；

4. 其他应提供的材料。

第三章 评审和认定

第八条 住房和城乡建设部根据各地装配式建筑发展情况确定各省（区、市）产业基地推荐名额。

第九条 省级住房城乡建设主管部门组织评审专家委员会，对申请的产业基地进行评审。

第十条 评审专家委员会一般由 5~7 名专家组成，应根据参评企业类型选择装配式建筑设计、部品部件生产、施工、装备制造、科技研发、管理等相关领域的专家。专家委员会设主任委员 1 人，副主任委员 1 人，由主任委员主持评审工作。专家委员会应客观、公正，遵循回避原则，并对评审结果负责。

第十一条 评审内容主要包括：产业基地的基础条件；人才、技术和管理等方面的综合实力；实际业绩；发展装配式建筑的目标和计划安排等。

各地可结合实际细化评审内容和要求。

第十二条 省级住房和城乡建设主管部门按照给定的名额向住房和城乡建设部推荐产业基地。

第十三条 住房和城乡建设部委托部科技与产业化发展中心复核各省（区、市）推荐的产业基地和申请材料，必要时可组织专家和有关管理部门对推荐的产业基地进行现场核查。复核结果经住房和城乡建设部认定后公布产业基地名单，并纳入部科学技术计划项目管理。对不符合要求的产业基地不予认定。

第四章 监督管理

第十四条 产业基地应制定工作计划，做好实施工作，及时总结经验，向上级住房城乡建设主管部门报送年度发展报告并接受检查。

第十五条 省级住房城乡建设主管部门负责本地区产业基地的监督管理，定期组织检查和考核。

第十六条 住房和城乡建设部对产业基地工作目标、主要任务和计划安排的完成情况等进行抽查，通报抽查结果。

第十七条 未完成工作目标和主要任务的产业基地，由住房和城乡建设部商当地省级住房城乡建设主管部门提出处理意见，责令限期整改，情节严重的给予通报，在规定整改期限内仍不能达到要求的，由住房和城乡建设部撤销产业基地认定。

第十八条 住房和城乡建设部定期对产业基地进行全面评估，评估合格的继续认定为产业基地，评估不合格的由住房和城乡建设部撤销其产业基地认定。

第五章 附 则

第十九条 本管理办法自发布之日起实施，原《国家住宅产业化基地试行办法》（建住房〔2006〕150 号）同时废止。

第二十条 本办法由住房和城乡建设部建筑节能与科技司负责解释，住房和城乡建设部科技与产业化发展中心（住宅产业化促进中心）协助组织实施。

附录5 河北省人民政府办公厅关于大力发展装配式建筑的实施意见

各市（含定州、辛集市）人民政府，各县（市、区）人民政府，省政府各部门：

　　装配式建筑是用预制部品部件在工地装配而成的建筑。为贯彻落实《国务院办公厅关于大力发展装配式建筑的指导意见》（国办发〔2016〕71号）精神，加快我省装配式建筑发展，经省政府同意，结合我省实际，提出如下实施意见：

一、总体要求

　　（一）指导思想。认真落实党中央、国务院和省委、省政府决策部署，抓住京津冀协同发展和新型城镇化发展机遇，牢固树立和贯彻落实创新、协调、绿色、开放、共享的发展理念，按照适用、经济、安全、绿色、美观的要求，坚持市场主导、政府推动、典型示范、重点推进的原则，把钢结构建筑作为建造方式创新的主攻方向，大力发展装配式混凝土建筑，在具备条件的地方倡导发展现代木结构建筑，不断提高装配式建筑在新建建筑中的比例。通过标准化设计、工厂化生产、装配化施工、一体化装修、信息化管理、智能化应用，提高建筑技术水平和工程质量，促进建筑业转型升级和产业现代化水平。

　　（二）工作目标。力争用10年左右的时间，使全省装配式建筑占新建建筑面积的比例达到30%以上，形成适应装配式建筑发展的市场机制和环境，建立完善的法规、标准和监管体系，培育一大批设计、施工、部品部件规模化生产企业、具备现代装配建造技术水平的工程总承包企业以及与之相适应的专业化技能队伍。张家口、石家庄、唐山、保定、邯郸、沧州市和环京津县（市、区）率先发展，其他市、县加快发展。

二、重点任务

　　（一）加快制定标准。以钢结构住宅为重点，加强技术创新，促进成熟的关键技术和成套技术研究成果转化为标准规范，完善装配式建筑防火抗震防灾标准，与国家标准、行业标准配套形成覆盖设计、生产、施工和使用维护全过程的装配式建筑标准规范体系。支持省内有能力的企业参与编制装配式建筑国家标准、行业标准，加强我省地方标准与北京、天津地方标准的衔接，提升企业在京津冀装配式建筑发展中的竞争力。强化建筑材料标准、部品部件标准、工程标准的衔接，提升建材产品对新型建造方式的适应能力和部品部件的系列化、通用化水平。完善不同类型的装配式建筑工程定额等计价依据。

　　（二）提高设计能力。推广通用化、模数化、标准化设计方式，鼓励和引导设计单位提高统筹建筑结构、机电设备、部品部件、装配施工、装饰装修的装配式建筑集成设计能力，提高各专业协同设计能力，加强对装配式建筑建设全过程的指导和服务。鼓励设计单位参与开发装配式建筑设计技术，大力应用成熟的通用设计软件。

（三）发展部品部件。引导建筑行业部品部件生产企业面向我省区域中心城市、节点城市和京津两大市场合理布局，降低运输成本。鼓励有条件的钢铁企业调整产品结构，提高建筑用钢的防火、防腐性能，生产符合模数的建筑用钢。支持部品部件生产企业完善产品品种和规格，实现清洁生产，优化物流管理。支持墙材生产企业重点发展保温隔热及防火性能良好、施工便利、轻质高强、使用寿命长的墙体和屋面材料，开发推广保温与结构、装饰一体化的配套墙体材料。引导设备制造企业研发部品部件生产装备机具，提高自动化和柔性加工技术水平。建立部品部件验收机制，确保产品质量。

（四）提升施工水平。鼓励企业加快发展满足结构安全需要并易于施工的高效连接技术，提高部品部件的装配施工连接质量和建筑安全性能。鼓励企业研发适合装配式建筑施工特点的设备和机具，提高劳动生产率和质量控制水平。鼓励企业创新施工组织方式，推行绿色施工，应用结构工程与分部分项工程协同施工新模式。支持我省施工企业编制施工工法，加快技术工艺、组织管理、技能队伍的转变，提高装配施工能力。

（五）推进建筑全装修。推行装配式建筑装饰装修与主体结构、机电设备协同施工，推广标准化、集成化、模块化的装修模式，倡导菜单式全装修。促进整体厨卫、轻质隔墙等材料、产品和设备管线集成化技术的应用，提高装配化装修水平，满足消费者装修的个性化需要。

（六）推广绿色建材。加快推进绿色建材评价，建立绿色建材评价标识制度，制定各类建材产品的绿色评价技术要求，发布绿色建材产品目录，大力推广节能环保、资源综合利用水平高、功能良好、品质优良的新型绿色建材。构建绿色建材选用机制，提高绿色建材在装配式建筑中的应用比例。

（七）培育龙头企业。整合资源，构建装配式建筑相关企业组成的产业联盟。支持国外、省外优势企业与本省企业合作，提升本省企业技术水平和综合实力。支持有条件的钢铁企业、特一级建筑业企业、一级房地产开发企业、甲级建筑设计企业和有一定影响的部品部件生产企业转型升级，发展成为设计、生产、施工一体化的装配式建筑龙头企业。大力培育装配式建筑生产基地，促进上下游产业链的联动发展。

（八）推行工程总承包。装配式建筑原则上采用工程总承包模式，可按照技术复杂类工程项目招投标。支持大型设计、施工和部品部件生产企业通过调整组织架构、健全管理体系，向具有工程管理、设计、生产、施工、采购能力的工程总承包企业转型，培育一批工程总承包骨干企业。健全与装配式建筑总承包相适应的发包承包、施工许可、分包管理、工程造价、质量安全监管、竣工验收等制度，实现工程设计、部品部件生产、施工及采购的统一管理和深度融合。

（九）确保质量安全。完善装配式建筑工程施工图审查、建设监理、质量安全、竣工验收等管理制度，健全质量安全责任体系，落实各方主体质量安全责任；建设工程竣工后，要在建筑物明显部位设置永久性标牌，公示质量安全责任主体和主要责任人。加强全过程监管，建设和监理等相关方可采用驻厂监造等方式加强部品部件生产质量管控，并加大对结构部分现场浇筑环节、预制部品部件连接节点和吊装作业工程的抽查力度；施工企业要加强施工过程质量安全控制和检验检测，完善装配施工质量保证体系。加强行业监管，明确装配式建筑工程施工图审查要求和质量、安全监管要点，建立全过程质量追溯制度，加大抽查抽测力度，严肃查处质量安全违法违规行为。

（十）推动装配式建筑与信息化深度融合。支持工程总承包企业推广应用先进适用的项目管理软件，建立与工程总承包管理相适应的信息网络平台，完善相关数据库，提高数据统计、分析和管控水平。积极应用建筑信息模型技术，提高装配式建筑设计阶段各专业的协同能力，提升项目设计、生产、施工、装修、运营管理等各环节的协同能力，实现产业链各环节和建造、运营各方主体的数据共享，推动实现装配式建筑设计、生产、施工、装修、运营管理全过程的信息化。

三、政策支持

（一）用地支持政策。将装配式建筑园区和基地建设纳入相关规划，优先安排建设用地。住房城乡建设部门要依据有关规定，明确装配式建造方式的具体要求或面积比例，并提供给城乡规划部门。城乡规划部门在编制和修改控制性详细规划时，应增加建造方式的控制内容；在规划实施管理过程中，应将建造方式的控制内容纳入规划条件。国土资源部门应当落实该控制性详细规划，在用地上予以保障。

（二）财政支持政策。符合条件的装配式建筑企业享受战略性新兴产业、高新技术企业和创新性企业扶持政策。政府投资或主导的项目采用装配式建造方式的，增量成本纳入建设成本。在2020年底前，对新开工建设的城镇装配式商品住宅和农村居民自建装配式住房项目，由项目所在地政府予以补贴，具体办法由各市（含定州、辛集市）制定。

扩大科技创新项目扶持资金支持范围，将装配式建筑发展列入各级科技计划指南重点支持领域。鼓励以装配式建筑技术研究为重点攻关方向以及绿色建材生产骨干企业联合高等学校、科研院所，申报省级以上重点（工程）实验室或工程（技术）研究中心。支持钢铁生产企业进行钢结构建筑生产技术改造，优先列入省工业企业技术改造项目库，对符合条件的项目，给予一定的技改资金支持。支持装配式建筑标准编制工作，对参与编制省级及以上标准的给予资金支持。

（三）税费优惠政策。对引进大型专用先进设备的装配式建筑生产企业，按照规定落实引进技术设备免征关税、重大技术装备进口关键原材料和零部件免征进口关税及进口环节增值税、企业购置机器设备抵扣增值税、固定资产加速折旧政策。企业销售自产的经认定列入《享受增值税即征即退政策的新型墙体材料目录》的装配式预制复合墙板（体）材料，按规定享受增值税即征即退50%的政策。

（四）金融支持政策。对建设装配式建筑园区、基地、项目及从事技术研发等工作且符合条件的企业，金融机构要积极开辟绿色通道，加大信贷支持力度，提升金融服务水平。

（五）行业引导政策。装配式建筑墙体材料生产企业达到国家鼓励类墙体材料产品和相关规定的，优先列入省新型墙体材料生产示范项目，预制部品部件纳入《河北省建设工程材料设备推广使用产品目录》。将建筑业企业承建装配式建筑项目情况，纳入省建筑业企业信用综合评价指标体系。在人居环境奖评选、生态园林城市评估、绿色建筑评价等工作中增加装配式建筑方面的指标要求。在评选优质工程、优秀工程设计和考核文明工地时，优先考虑装配式建筑。

（六）优化发展环境。各级公安和交通运输部门在职能范围内，对运输超高、超宽部品部件（预制混凝土部品部件、钢构件等）运载车辆，在运输、交通通畅方面给予支持。在《河北省重污染天气应急预案》I级应急响应措施发布时，装配式建筑施工工地可不停工，但不得从事土石方挖掘、石材切割、渣土运输、喷涂粉刷等作业。采用装配式建造方式的商品住宅项目，在办理规划审批手续时，其外墙预制部分的建筑面积（不超过规划总建筑面积的3%）可不计入成交地块的容积率；允许将预制部品部件投资计入工程建设投资额，纳入进度衡量。

四、保障措施

（一）加强组织领导。建立由分管副省长为召集人，省发展改革委、省教育厅、省科技厅、省工业和信息化厅、省财政厅、省人力资源社会保障厅、省国土资源厅、省环境保护厅、省住房和城乡建设厅、省质监局等部门参加的河北省装配式建筑发展联席会议制度，统筹规划、组织协调、整体推进全省装配式建筑发展。联席会议办公室设在省住房和城乡建设厅。各市、县政府也要建立相应的制度，研究提出本地装配式建筑发展目标和任务，建立健全工作机制，完善配套政策，确保各项任务落到实处。

（二）加强工作推动。将发展装配式建筑作为贯彻落实中央和省城市工作会议精神的重要工作，列入城市规划建设管理工作监督考核指标体系，定期通报考核结果，从项目数量、项目储备、开工情况、竣工情况等方面进行综合评价，实行半年考评、年终考核。

从项目前期开始，以规划为龙头，区别不同地段、不同类型建筑，明确建造方式。在技术条件成熟和满足使用功能需要的情况下，政府投资或主导的公共建筑项目一般应采用装配式建造方式。政府投资或主导的棚户区改造项目，要安排不低于5%的项目开展钢结构等装配式建筑规模化示范。鼓励房地产开发企业建设装配式特别是钢结构住宅。督促工业企业采用钢结构建设大跨度厂房、仓储设施。鼓励施工企业采用可重复使用的装配式临建、临时道路和施工围挡。结合美丽乡村建设，在农村居民自建住房项目中大力开展装配式住房试点。张家口、石家庄、唐山、保定、邯郸、沧州市要根据当地情况划定一定范围全面推行装配式建造方式。鼓励其他市、县根据当地情况划定一定范围全面推行装配式建造方式。

（三）加强技术攻关。进一步加大对装配式建筑技术研发的支持和资金投入，将装配式建筑技术列为科技创新体系重点建设内容，发挥高等学校、科研院所人才和技术集中优势，加大科研攻关力度，尽快形成一批拥有自主知识产权、具有先进水平的关键技术，建立适应装配式建筑发展的技术支撑体系，解决制约装配式建筑发展的核心问题。

（四）加强队伍建设。建立多层面的培训体系，加快培育装配式建筑专业技术人才，着力提升行业从业人员素质。鼓励省内高等学校、职业学校设置装配式建筑相关课程，推动校企合作，加强装配式建筑实践，创新人才培养模式。完善建筑行业专业技术人员继续教育，开展专业技术技能训练、岗位操作培训等，增加装配式建筑相关内容，培养装配式建筑设计、生产和施工专业技术人才。研究适合装配式建筑发展的用工制度，合理配置装配式建筑技术工种，形成规模化、专业化的装配式建筑产业工人队伍。加大职业技能培训资金投入，多渠道建立培训基地，加强岗位技能提升培训，促进建筑业农民工向技术工人转型。

（五）加强宣传引导。充分利用电视、广播、报刊、网络等媒体，通过多种形式深入宣传发展装配式建筑的经济社会效益，广泛宣传装配式建筑基本知识和支持政策，提高公众对装配式建筑的认知度，营造各方共同关注、支持装配式建筑发展的良好氛围。及时总结成功经验，通过典型引路，引导企业参与装配式建筑发展，提升建筑科技水平。

河北省人民政府办公厅

2017 年 1 月 13 日

附录6　河北省人民政府关于推进住宅产业现代化的指导意见

冀政发 [2015]5 号

各设区市人民政府，各县（市、区）人民政府，省政府各部门：

住宅产业现代化是以设计标准化、部品部件工厂化、施工装配化、装修一体化和管理信息化为特征，整合设计、生产、施工等整个产业链，实现住宅节能、环保、全寿命周期价值最大化的新型住宅建设方式。实施住宅产业现代化有利于实现节能减排、推进绿色安全施工、提高住宅工程质量、改善人居环境以及促进产业结构调整，是住宅建设方式的革命性变革，对实现我省绿色崛起、创建建筑节能具有重要意义。为加快我省住宅产业现代化发展，提出如下意见：

一、发展目标

（一）试点期（2015 年至 2016 年）。初步建立我省住宅产业现代化标准规范体系。培育4 个省级住宅产业现代化综合试点城市，各设区市和省直管县（市）至少建成 1 条预制混凝土部品部件生产线，并成为省级住宅产业现代化基地。到 2016 年底，全省住宅产业现代化项目开工面积达到 200 万 m²，单体预制装配率达到 30% 以上。

（二）推广期（2017 年至 2020 年）。建立我省住宅产业现代化的建造体系、技术保障体系和标准规范体系。创建 3 个以上国家级住宅产业现代化综合试点城市。县级市和环京津县（市）完成预制混凝土部品部件生产线建设并投产。到 2020 年底，综合试点城市 40% 以上的新建住宅项目采用住宅产业现代化方式建设，其他设区市达到 20% 以上。

二、工作重点

（一）制定发展规划。研究制定河北省住宅产业现代化发展规划，纳入省国民经济和社会发展规划。各地要结合实际，制定本地住宅产业现代化发展规划，纳入本地国民经济和社会发展规划、住房城乡建设领域相关规划，明确近期和中长期发展目标、主要任务、保障措施和激励政策。合理布局，近期在我省有条件的城市规划建设住宅产业现代化园区，统筹推进住宅产业现代化发展。

（二）完善标准体系。加快制定住宅产业现代化的标准设计、部品生产、装配施工、质量安全、检查验收等标准体系，特别是装配式混凝土结构及节点设计、整体厨卫设备的设计规范、图集和工法，完善工程造价和定额体系，提高部品部件的标准化、系列化和通用化水平，形成规范统一的地方标准体系。鼓励以企业为主导编制相关标准，研发配套计算软件。

（三）培育市场实施主体。支持国家和省级住宅产业现代化基地建设，扶持和引进一批龙头企业。发挥企业主体作用，发展一批利用住宅产业现代化方式开发建设的房地产开发企业，提升开发建设水平。培育一批熟练掌握住宅产业现代化核心技术的设计企业，提升标准化设计水平。壮大一批住宅部品生产企业，鼓励大型预拌混凝土、预拌砂浆生产企业、传统建材企业向预制部品部件和住宅部品部件生产企业转型。形成一批设计施工一体化、结构装修一体化以及预制装配式施工的工程总承包企业。鼓励成立包括开发、科研、设计、部品生产、物流配送、施工、运营维护等在内的产业联盟，实现产城融合互动发展。

（四）推广应用适用技术。推广装配式混凝土结构、钢结构（轻钢结构）、钢混结构和其他符合住宅产业现代化的结构体系。推广满足标准化设计、工厂化生产、装配式施工要求的预制部品部件，大力发展集保温、装饰、围护、防水于一体的预制外墙等围护结构技术。推广节能及新能源利用、整体厨卫、智能化和全装修等成套技术。推进建筑信息模型（BIM）等信息技术在工程设计、施工和运行维护全过程的应用。推广适合农村住房特点的装配式低层住宅。

（五）推动示范工程建设。以保障性住房等国有投资项目为切入点，开展住宅产业现代化项目试点工作，各地要按照技术先进、经济适用、示范性强的原则，分年度落实好试点示范项目。大力发展绿色低碳、节能省地环保型住宅，实施国家康居示范工程，开展住宅性能认定和绿色建筑标识评价，鼓励商品住宅采用住宅产业现代化方式建设、设置相对集中的充电车位，推进适用新技术的集成应用。通过试点示范工程，引导开发企业和建设单位在设计理念、技术集成、居住形态、建造方式和管理模式等方面实现根本性转变，不断提高住宅品质，带动节能省地环保型住宅发展。

（六）推进住宅全装修。倡导工业化装修方式，实施土建和装修一体化，鼓励采用菜单式集体委托方式进行装修，促进个性化装修和产业现代化装修相统一。推进商品住房全装修；住宅产业现代化项目实行一次性装修到位，在交付使用时所有功能空间的固定面全部铺装或装饰、管线及终端安装完成，厨房和卫生间的基本设备全部安装完成。

（七）推动农村装配式低层住宅建设。结合我省农村面貌改造提升行动，加强农村装配式低层住宅关键技术研究，加快制定农村装配式低层住宅技术标准和图集，加大农村住宅部品体系技术集成力度，引入省外成熟的技术和产品，选择一批经济条件较好、交通便利、有一定规模的村镇开展装配式低层住宅试点，逐步提高农村住宅品质和建筑节能水平。

（八）建立健全监管体系。建立健全预制部品部件生产企业资质标准，实行市场准入管理，加强预制部品部件生产质量监督。改革招投标制度，推行设计、施工、部品部件生产一体化总承包模式，给予具备住宅产业现代化施工能力的企业优先中标权。完善工程造价管理制度，定期公布贴近市场实际的工程造价指标。健全工程质量安全监管体系，对超出现行标准的结构体系安全性等依法进行审查或论证，严格企业质量安全主体责任，强化装配式施工现场安全管理，完善项目设计、部品制造、施工和运营全流程质量管理体系。

三、政策支持

（一）提供用地支持。将住宅产业现代化园区和基地建设纳入相关规划，列入省战略性新兴产业，优先安排建设用地。各地要根据发展目标要求，加强对住宅产业现代化项目建设的用地保障,对主动采用住宅产业现代化方式建设且预制装配率达到 30% 的商品住房项目(含配建的保障性住房,下同)优先保障用地。在保障性住房等国有投资项目中明确一定比例的项目采用住宅产业现代化方式建设。对具备住宅产业现代化条件的企业,优先安排国有投资项目进行试点。

(二)加大财政支持。采用住宅产业现代化方式建设的保障性住房等国有投资项目,建造增量成本纳入建设成本。符合条件的住宅产业现代化园区、基地和企业享受战略性新兴产业、高新技术企业和创新性企业扶持政策。拓展省建筑节能专项资金、新型墙体材料专项基金使用范围,支持主动采用住宅产业现代化建设方式且预制装配率达到 30% 的商品住房项目、绿色建筑、国家康居示范工程和国家 A 级住宅性能认定项目。优化省保障性住房建设引导资金使用结构,加大对采用住宅产业现代化方式建设的保障性住房项目支持力度。扩大省科技创新项目扶持资金支持范围,鼓励设立以住宅产业现代化技术研究为重点攻关方向的省级和国家级工程(重点)实验室及工程(技术)研究中心,鼓励高校和企业出版相关研究成果,按相关政策给予支持。支持住宅产业现代化标准编制工作,对参与编制省级及以上标准的企业和高校给予资金支持。鼓励知识产权转化应用,对取得发明专利的研发成果,2 年内在省内转化的,按技术合同成交额对专利发明者给予适当奖励。

(三)加大金融支持。对建设住宅产业现代化园区、基地、项目及从事技术研发等工作且符合条件的企业,金融机构要积极开辟绿色通道,加大信贷支持力度,提升金融服务水平。对购买住宅产业现代化项目或全装修住房且属于首套普通商品住房的家庭,按照差别化住房信贷政策积极给予支持。

(四)优化发展环境。按照行政审批制度改革要求,优化住宅产业现代化发展环境。对主动采用住宅产业现代化建设方式且预制装配率达到 30% 的商品住房项目,规划管理部门在办理规划审批时,依据住房城乡建设管理部门出具的意见,其外墙预制部分可不计入建筑面积,但不超过该栋住宅地上建筑面积的 3%。报建手续开辟绿色通道,可以采用 m^2 包干价方式确定工程总造价预算进行施工图合同备案。投入开发建设资金达到工程建设总投资的 25%以上、施工进度达到正负零,可申请办理《商品房预售许可证》。优先安排基础设施和公共设施配套工程。在施工当地没有或只有少数几家住宅产业现代化生产施工企业的,国有资产投资项目招标时可以采用邀请招标方式进行。

(五)加强行业引导。住宅产业现代化墙材生产企业达到国家鼓励类墙材产品和相关规定的,优先列入省新型墙体材料生产示范项目,预制部品部件纳入《河北省建设工程材料设备推广使用产品目录》。将建筑业企业承建住宅产业现代化项目、绿色建筑、国家康居示范工程和住宅性能认定项目情况,纳入省建筑业企业信用综合评价指标体系。

(六)确保运输畅通。各级公安和交通运输部门在职能范围内,对运输超大、超宽部品部件(预制混凝土及钢构件等)运载车辆,在运输、交通通畅方面给予支持。

四、保障措施

(一)加强组织领导。省建立分管副省长为召集人,省发展改革委、省住房城乡建设厅、省国土资源厅、省财政厅、省科技厅、省工业和信息化厅、省环境保护厅等部门参加的河北省住宅产业现代化发展联席会议制度，统筹规划、组织协调、整体推进全省住宅产业现代化发展。联席会议办公室设在省住房城乡建设厅。各市、县（市、区）成立由政府负责人牵头的领导小组，加强对住宅产业现代化工作的组织领导，制定相应的激励政策和措施，形成纵向指导与横向推进相结合、政策引导与市场配置资源相结合、试点示范带动与区域集聚发展相结合的格局，推动住宅产业现代化工作顺利发展。

（二）强化技术指导。由省住房城乡建设厅牵头组建河北省住宅产业现代化专家委员会，负责省级住宅产业现代化基地和试点示范项目技术论证、标准编制等相关技术服务指导工作。各市和省直管县（市）也要成立相应的专家委员会，按照相应权限及程序，负责对除需要国家、省专项技术审查和论证以外的本地住宅产业现代化项目建设方案进行论证，专家委员会论证意见作为项目享受各项优惠激励政策的主要依据。

（三）加强监督管理。加强对住宅产业现代化项目的监督管理，对已享受相关扶持政策但未按住宅产业现代化方式建设的项目，责令建设单位退回或补交相关资金，对责任单位和责任人依法予以处理，并记入企业诚信档案。

（四）强化培训宣传。鼓励省内中等职业学校、高等院校设置住宅产业现代化相关课程，培养专业人才。各市、县（市、区）要加强对主管部门、相关企业的技术和操作人员培训，培养具备相关专业技术知识的管理型人才和具备生产、操作经验的技能型产业技术工人。充分利用电视、广播、报刊、网络等媒体，大力宣传住宅产业现代化政策、示范典型及成效，提高各级管理部门、企业、消费者对住宅产业现代化的认知度和开展工作的积极性及推行力，为全省开展住宅产业现代化工作营造良好舆论环境。

河北省人民政府
2015 年 3 月 3 日

附录7 河北省装配式建筑"十三五"发展规划

装配式建筑是用预制部品部件在工地装配而成的建筑，包括装配式混凝土建筑、钢结构建筑、现代木结构建筑等。装配式建筑的特点是标准化设计、工厂化生产、装配化施工、一体化装修、信息化管理和智能化应用。发展装配式建筑是建造方式的重大变革，有利于转变建筑业发展方式，促进钢铁产业转型升级，提升劳动生产效率和质量安全水平，节约资源能源，减少施工污染，实现建筑业节能减排和可持续发展。

为促进我省装配式建筑健康发展，有力保障供给侧结构性改革和新型城镇化发展，根据中央城市工作会议精神、《国务院办公厅关于大力发展装配式建筑的指导意见》（国办发〔2016〕71号）、《河北省人民政府关于推进住宅产业现代化的指导意见》（冀政发〔2015〕5号）和《河北省人民政府办公厅关于大力发展装配式建筑的实施意见》（冀政办字〔2017〕3号）编制本规划，主要明确我省装配式建筑发展的目标、路径和任务。规划期为2016年至2020年，展望到2025年。

一、发展现状

（一）国外发展现状

当前发达国家的建筑业已从工业化专用体系走向大规模通用体系，以标准化、系列化、通用化建筑构配件、建筑部品为中心，组织专业化、社会化生产和商品化供应，形成了各自不同的装配式建筑发展模式。

钢结构高层建筑在美国与日本主要以钢结构＋预制外墙挂板为主，钢结构普通住宅在美日欧等国家主要采用轻钢结构。装配式混凝土高层建筑在日本等国主要以装配式混凝土框架＋预制外墙挂板为主。现代木结构大量应用于美国、加拿大和日本的低层普通住宅。融合了钢结构、装配式混凝土、现代木结构等结构体系的混合结构主要应用在德国。

（二）国内发展现状

政策引导循序渐进，推动力度逐步加大。《国家新型城镇化规划（2014-2020）》提出了"强力推进建筑工业化，提高住宅工业化比例"的要求。《国务院办公厅关于大力发展装配式建筑的指导意见》明确了装配式建筑发展的基本原则、总体目标和重点任务，提出力争用10年左右的时间使装配式建筑占新建建筑面积的比例达到30%。

技术体系逐步形成，标准体系不断完善。经过多年研究和努力，随着科研投入的不断加大和试点项目的推广，装配式建筑各类技术体系逐步完善，初步建立了装配式建筑结构体系、部品体系和技术保障体系，部分单项技术和产品研发已经达到国际先进水平。国家和地方相关标准规范陆续出台，标准体系不断完善，为装配式建筑项目建设提供了技术支撑。

试点先行稳步推进，产业集聚规模发展。住房和城乡建设部先后批准了11个国家住宅产业现代化综合试点（示范）城市和59个国家住宅产业化基地。通过试点引路，各地形成了一批以国家住宅产业化基地为主的龙头企业，带动了建筑业转型发展。上海市委市政府高度重视顶层设计，要求全市范围内新建建筑全部实施装配式建筑，同时完善技术支撑体系，提升装配式建筑质量水平，并通过强化示范引领，营造良好发展氛围，2016 年全市装配式建筑实施面积约 1500 万 m^2。

（三）我省发展形势

1. 发展现状

省委省政府高度重视装配式建筑发展，自 2015 年以来，我省装配式建筑发展步伐不断加快。截至 2016 年底，全省在建装配式建筑项目 490 万 m^2；落实农村装配式低层住宅 420 套，其中竣工 135 套，在建 90 套。

政策引导力度不断加大。2015 年 3 月，省政府印发《关于推进住宅产业现代化的指导意见》，明确住宅产业现代化的发展目标、工作重点、支持政策和保障措施。2016 年 6 月，省政府印发《加快推进钢结构建筑发展方案》，提出在大跨度工业厂房、仓储设施中全力推广钢结构，在适宜的市政基础设施中优先采用钢结构，在公共建筑中大力推广钢结构，在住宅建设中积极稳妥地推进钢结构应用，促进钢铁产业化解过剩产能和转型升级。2017 年 1 月，省政府办公厅印发《关于大力发展装配式建筑的实施意见》，明确把钢结构建筑作为建造方式创新的主攻方向，大力发展装配式混凝土建筑，在具备条件的地方倡导发展现代木结构建筑，力争用 10 年左右的时间，使全省装配式建筑占新建建筑面积的比例达到 30% 以上。

组织推动力度不断加强。省政府建立了分管副省长为召集人的省住宅产业现代化发展联席会议制度，统筹规划、组织协调、整体推进全省住宅产业现代化发展。2015 年 10 月，省政府召开全省建筑节能与绿色建筑观摩座谈会暨住宅产业现代化工作现场会，安排部署全省住宅产业现代化工作。2016 年 5 月，省政府召开全省钢结构建筑观摩暨建筑产业现代化工作现场会，会议明确，自 2016 年起，各市要以保障性住房、棚户区改造住房为重点，每年至少开工建设 10 万到 15 万 m^2 的钢结构住宅。

标准体系不断完善。省住房城乡建设厅颁布实施了《装配整体式混凝土剪力墙结构设计规程》、《装配式混凝土剪力墙结构建筑与设备技术规程》、《装配式混凝土构件制作与验收标准》、《装配式混凝土剪力墙结构施工及质量验收规程》、《装配整体式混合框架结构技术规程》等 5 部装配式混凝土建筑地方标准和《装配式混凝土剪力墙结构住宅表示方法及示例》等 7 项装配式混凝土建筑标准设计图集，印发了《河北省装配式混凝土结构工程定额（试行）》《河北省装配式混凝土结构工程工程量清单（试行）》。正在编制《建筑用钢型材标准》等 5 部钢结构建筑地方标准、《交错层积木（CLT）结构应用技术规程》和《河北省钢结构建筑工程定额及工程量清单》。

产业基础逐步形成。近年来，我省设计、开发、施工、部品生产等企业积极探索，不断实践，取得了一定成果，推动了我省装配式建筑发展。目前，全省有 5 个国家住宅产业化基地和 16 个省基地，涵盖预制部品部件、建筑部品、新型墙材、装备制造等多个领域。全省预制混凝土部品部件年设计产能 60 万 m^3，钢构件年设计产能 178 万 t，木构件年设计产能 1 万 m^3，具备了加快装配式建筑发展的产业基础。

示范效应逐步显现。自 2013 年起,省住房城乡建设厅每年安排专项资金支持省住宅产业现代化综合试点城市、农村装配式低层住宅建设试点县、国家级和省级基地企业、装配式建筑示范项目建设。石家庄、秦皇岛、唐山、保定、邯郸等 5 个综合试点城市在组织领导、政策制定、企业培育、技术研发、项目建设、宣传培训等方面做了大量工作,取得了扎实成效。涉县、唐山市丰润区、平山县等县(市、区)积极推动农村住宅转变建造方式,开展农村装配式低层住宅建设试点工作,取得了积极进展。基地企业和装配式建筑项目,发挥了示范引领和带动作用。

2. 存在问题

我省装配式建筑发展虽然取得了积极进展,但仍存在一些问题。一是标准体系有待完善。目前,虽然装配式建筑的基础性、通用性标准规范基本齐全,不影响当前推广装配式建筑,但针对装配式建筑全产业链的标准体系尚未建立。二是有效需求不足。装配式建筑仍处于起步阶段,市场认可度不高,产业发展不均衡,产业链不健全,制约了装配式建筑整体推进。三是建设管理模式亟需转变。适应装配式建筑特点的招投标、质量安全监管和竣工验收等管理模式尚未建立完善。四是人才队伍缺乏。装配式建筑人才培养机制尚未健全,专业培训力度不足,各层次专业人才队伍缺乏。

3. 面临机遇

京津冀协同发展迎来新机遇。随着《京津冀协同发展规划纲要》深化实施,我省与北京市、天津市在政策协同、科技创新、人才共享等方面的协同机制将逐步成熟,我省装配式建筑发展可借助北京、天津的科技和人才资源实现关键技术和创新模式的突破。国家设立雄安新区,基础设施建设投入加大,为我省建筑产业发挥区位优势,参与区域竞争带来新的空间。

环境保护约束加大带来新契机。装配式建造方式相比传统建造方式,可以大幅度降低施工扬尘和噪音,减少建筑垃圾和污水排放,具有绿色建造、低碳发展的特点,节能减排效果十分显著。面对京津冀地区日益提高的环保要求,装配式建筑更加适合我省节能减排和绿色崛起的新型城镇化发展要求。

行业转型升级促进新发展。我省化解钢铁过剩产能,钢铁企业转型发展,为钢结构建筑发展带来新的机遇。劳动力成本持续攀升,建筑工业化步伐加快,推动了建筑产业转型升级,建筑产业正从手工操作方式向工业生产方式转变,有力地促进了装配式建筑发展。

新型城镇化发展带来新需求。2020 年,我省城镇化率将达到 60% 左右,随着经济社会发展,智慧城市、海绵城市、综合管廊、保障性安居工程、美丽乡村建设等深入推进,以及京津冀协同发展和非首都功能的产业和人口转移,我省装配式建筑将迎来极大的市场需求。

二、指导思想、基本原则和发展目标

(一)指导思想

贯彻落实党中央、国务院和省委、省政府决策部署,牢固树立和贯彻落实"创新、协调、绿色、开放、共享"的发展理念,按照适用、经济、安全、绿色、美观的发展要求,以提高建筑业发展质量和效益为中心,以转变建造方式为主线,以科技管理创新为手段,以人才队伍为基础,坚持政策引导与市场资源配置相结合、试点示范带动与产业集聚发展相结合,加快形成我省装配式建筑发展体系，全面提升我省装配式建筑发展水平，促进建筑产业转型升级。

（二）基本原则

政府引导，统筹规划。发挥政府统筹规划、协调推进作用，制定发展规划，明确发展目标，构建产业体系，健全工作机制，完善配套政策，创造发展环境。

市场主导，示范带动。坚持以市场为导向、以企业为主体、以试点为样板，整合市场资源，理顺产业关系，激发市场需求，增强市场供给，引导企业深入开展装配式建筑建设试点工作，带动我省装配式建筑持续健康发展。

创新驱动，转型升级。大力开展科技创新和管理创新，逐步完善装配式建筑技术体系、管理体系和标准体系，以装配式建筑发展为契机，加快推动我省建筑业、钢铁产业和建材产业转型升级。

区域协作，共同发展。以京津冀协同发展为目标，以优势互补、合作共赢为基础，以服务京津市场为带动，深入开展区域协作，推进京津冀装配式建筑协同发展，共同营造京津冀绿色发展环境。

（三）发展目标

到2020年，我省装配式建筑的发展环境、市场机制和服务体系基本形成，技术体系基本完备，管理制度相对完善，人才队伍培育机制基本建立，关键技术和成套技术应用逐步成熟，形成能够服务于京津冀地区的装配式建筑生产和服务体系。装配式建造方式成为主要建造方式之一，结合我省供给侧结构性改革，把钢结构建筑作为建造方式创新的主攻方向，大力发展装配式混凝土建筑，在具备条件的地方倡导发展现代木结构建筑，不断提高装配式建筑在新建建筑中的比例。

——到2020年，全省装配式建筑占新建建筑面积的比例达到20%以上，其中钢结构建筑占新建建筑面积的比例不低于10%。

——到2020年，培育2个国家级装配式建筑示范城市、20个省级装配式建筑示范市（县）、30个省级装配式建筑产业基地、80个省级装配式建筑示范项目。

展望到2025年，装配式建造方式成为主要建造方式之一，建筑品质全面提升，节能减排、绿色发展成效明显，创新能力大幅提升，产业体系完备，形成一批具有较强综合实力的装配式建造全产业链骨干企业。全省装配式建筑面积占新建建筑面积的比例达到30%以上。

三、科学规划产业布局与发展定位

统筹空间、规模、产业三要素，围绕京津冀协同发展战略，根据《河北省国民经济和社会发展第十三个五年规划纲要》《河北省新型城镇化与城乡统筹示范区建设规划（2016-2020年）》，明确全省装配式建筑发展的产业布局和发展定位。

构建京津冀装配式建筑协同发展格局。积极承接北京非首都功能疏解，发挥我省装配式建筑示范市（县）的引领作用，明确功能定位，突出发展重点，建立以科技创新、智慧发展、要素集聚、产业联动为特点的全省装配式建筑立体发展格局。全省范围内规划张家口、石家庄、唐山、保定、邯郸、沧州市和环京津县（市、区）率先发展，其他市、县加快发展。

专栏1: 河北省装配式建筑"十三五"主要规划指标

一级指标	二级指标	2020 年	指标属性
示范创建	国家级装配式建筑示范城市	2 个	预期性指标
	省级装配式建筑示范市（县）	20 个	约束性指标
	省级装配式建筑产业基地	30 个	约束性指标
	省级装配式建筑示范项目	80 个	约束性指标
科技进步	建筑业生产效率提升	100%	预期性指标
	装配式建筑项目施工周期缩短	25%	约束性指标
人才发展	领军人才	15 ~ 30 人	预期性指标
	高级管理人才	900 ~ 1500 人	预期性指标
	高级技能人才	9000 ~ 15000 人	预期性指标

续专栏1: 河北省装配式建筑"十三五"主要规划指标

一级指标	二级指标	2020 年	指标属性
规模效应	钢结构建筑占新建筑面积比例	10%	约束性指标
	中高层新建装配式建筑中绿色建筑比例	100%	约束性指标
产业集聚	产业示范园区	5 个	预期性指标
	产业联盟	3 个	预期性指标
	龙头骨干企业	30 个	约束性指标

专栏2: 京津冀装配式建筑发展协同定位

	协同定位
北 京	国家智库、科技创新、设计创新、人才培训、标准制定、大数据管理
天 津	示范基地、科技创新、设计研发、云计算服务
我省率先发展地区	京津科技推广基地、部品生产、物流配送、展示交易、区域辐射中心

　　率先发展地区依托本地建筑业基础、城镇化发展动力和京津市场潜力，抓住北京携手张家口联合承办 2022 年冬季奥运会的战略机遇，突出科技创新引领，兼顾发展钢结构建筑和装配式混凝土建筑，积极推动农村装配式低层住宅建设，通过打造区域性装配式建筑产业示范园区，辐射带动周边地区，满足京津市场需求，实现生产基地科学布局。

　　环京津县（市、区）结合本地既有特色产业基础，规划形成面向京津市场的装配式建筑综合服务环，进一步整合并提升现有产业门类，以市场需求为导向，建立服务京津及周边地区的装配式建筑全产业链产品供应与服务带，使装配式建筑相关产业成为促进区域内产业转型的新动力。

专栏 3：全省率先发展地区装配式建筑发展定位与产业引导

		发展定位与产业引导方向
率先发展地区	张家口	借助举办冬奥会机遇，重点发展钢结构建筑，服务场馆建设。积极发展装配式混凝土建筑，探索在旅游景区发展现代木结构建筑。
	石家庄	依托省会城市技术和人才优势，发展装配式建筑技术、生产和安装设备，创新工程项目管理模式，建立装配式建筑智慧建造信息化平台。
	唐山	依托钢铁产业优势，重点发展钢结构建筑。积极发展装配式混凝土建筑，特色发展现代木结构建筑，研发农村装配式低层住宅体系。
	保定	借助北京非首都功能转移和雄安新区建设机遇，建设预制部品部件生产基地，形成满足北京产业转移和雄安新区建设的产业基础。
	邯郸	依托冀南中心城市区位优势，发展装配式混凝土和钢结构建筑，积极发展装配式建筑围护体系，研发农村装配式低层住宅体系。
	沧州	依托临雄安新区、天津区位优势和沿海港口优势，发展装配式混凝土和钢结构建筑，服务本地及周边市场。
	环京津县(市、区)	依托环京津区位优势，重点发展装配式建筑围护体系、部品部件生产和物流基地，建设环京津装配式建筑产品服务带。

明确全省装配式建筑生产分级引导方向。

专栏 4：全省装配式建筑产业基地等级结构

产业基地等级	空间布局
综合性生产基地	石家庄
区域性生产基地	唐山、邯郸
自给性生产基地	张家口、秦皇岛、沧州、衡水、邢台、定州、辛集
环京津装配式建筑综合服务环基地	承德、保定、廊坊

——综合性生产基地，布局石家庄

依托石家庄产业基础较好、市场前景广阔、综合优势明显、配套政策完善等优势，以建筑产业科技创新为基本定位，重点对接北京和天津科技资源，搭建设计研发和智慧管理平台，兼顾装配式混凝土、钢结构、现代木结构和混合结构的全产业链核心技术研发，辐射带动全省。

——区域性生产基地，布局唐山和邯郸

依托唐山钢铁产业优势突出、交通区位优越、经济社会发展水平较高等特点，规划定位为装配式建筑区域性生产基地。重点发展钢结构建筑，积极发展装配式混凝土建筑，借助区域内良好的现代木结构、陶瓷、型材等产业基础，发展现代木结构建筑、建筑部品、整体厨卫等，形成相关产业集聚区，重点服务京津冀北部以及东北地区。

依托邯郸丰富的产业基础、试点基地、广阔的市场辐射以及农村试点经验等诸多优势，规划定位为装配式建筑区域性生产基地。重点发展钢结构建筑、装配式混凝土建筑和配套部品部件，积极发展农村装配式低层住宅，服务河北省南部地区，辐射相邻地区。

——自给性生产基地，布局张家口、秦皇岛、沧州、衡水、邢台、定州、辛集

张家口、秦皇岛、沧州、衡水、邢台、定州、辛集，规划定位为以预制混凝土部品部件和钢构件为主要产品的生产基地，辐射范围为半径在 150 公里之内的本市及周边地区，作为综合性和区域性生产基地的有效补充。

——环京津装配式建筑综合服务环基地，布局承德、廊坊、保定

承德、廊坊、保定，充分利用毗邻京津的区位优势和产业基地，通过科学规划引导产业发展、通过园区承载实现产业集聚，逐步充实服务京津装配式建筑的综合服务环，积极承接北京装配式建筑产业转移。

专栏 5：环京津装配式建筑综合服务环基地产业引导

所在市	既有产业优势	装配式建筑产品
承德	钢铁、水泥	钢结构、装配式混凝土
廊坊	保温材料、现代装备制造、家具集散新型材料、物流仓储	新型建材、智能建筑、建筑机械设备、钢铁深加工、整体厨房、物流仓储
保定	新型建材、汽车产业、预制部品部件	装配式混凝土、钢结构、新型建材、运输装备

四、主要任务

（一）明确发展重点

1.把钢结构建筑作为建造方式创新的主攻方向。结合我省钢铁产业优势，明确钢结构建筑在我省装配式建筑发展中的主攻方向，推动我省供给侧结构性改革，促进钢铁产业化解过剩产能和转型升级。鼓励企业加大科技研发力度，研发新型钢结构体系，突破钢结构建筑在围护体系、材料性能、连接工艺等方面的技术瓶颈，提高钢构件生产应用水平，提升钢结构建筑性能。

2.大力发展装配式混凝土建筑。科学引导，合理布局，大力推进装配式混凝土建筑发展。各地要加强相关产业研究，结合现有市场规模和未来发展趋势，对预制混凝土部品部件生产能力和生产基地进行合理的引导和布局，避免造成新的产能过剩。鼓励企业研究装配式混凝土建筑的基础理论、技术体系和施工工艺工法。

3.积极探索农村装配式低层住宅。加强农村装配式低层住宅关键技术研究，转变农村住宅建设模式，研发低成本、高性能的住宅部品。开展农村装配式低层住宅建设试点，总结农村装配式低层住宅建设经验，以装配式混凝土、钢结构为主，在具备条件的地方推广现代木

结构，通过"技术下乡、材料下乡、补贴下乡"，推动试点示范建设。

4.倡导发展现代木结构建筑。促进全省城镇现代木结构建筑应用，加强现代木结构建筑地方标准编制工作。推动现代木结构建筑在政府投资的学校、敬老院、园林景观等低层新建公共建筑以及城镇平改坡中使用。推进多层"木 - 钢"、"木 - 混"等装配式组合结构建筑发展，在以木结构建筑为特色的地区和旅游度假区推广现代木结构建筑。

（二）加强制度和管理创新

1.落实产业发展政策。各地要落实《河北省人民政府办公厅关于大力发展装配式建筑的实施意见》，根据本规划，结合本地实际情况，编制实施办法和推进方案。积极探索适合本地的发展模式，大力建设有引领作用的示范项目，努力培育有创新能力的基地企业，逐步打造有区域特色的装配式建筑产业集群。

2.推动工程管理创新。改革现行工程建设管理制度和模式，在招标投标、施工许可、部品部件生产、工程计价、质量监督和竣工验收等环节进行建设管理制度改革，形成装配式建筑发展的市场环境。装配式建筑项目原则上应采用工程总承包模式，可按照技术复杂类工程项目招投标。完善部品部件质量检测制度，试行部品部件生产驻厂监理，建立部品部件安装施工现场质量安全管理制度。制定适合装配化施工特点的质量验收及监督检查制度，对超出现行标准的结构体系实行专家审查论证制度。改进竣工验收备案制度，在装配式建筑工程竣工档案中增加预制部品部件出厂合格证及施工现场部品部件安装过程质量控制资料。

3.建立质量追溯体系。建立装配式建筑全过程信息追溯机制，搭建装配式建筑全过程的数字化监管平台。以装配式建筑全产业链为主线，把生产、施工、装修、运行维护等全过程纳入信息化平台，实现数据即时上传、汇总、检测及电子归档管理等，实现工程建设质量的可查询可追溯，增强行业监督能力。

（三）健全相关配套体系

1.完善标准体系。以钢结构住宅为重点，建立完善覆盖设计、生产、施工和使用维护全过程的装配式建筑标准规范体系。加强我省地方标准与北京、天津地方标准的衔接。完善装配式建筑防火抗震标准。强化建筑材料标准、部品部件标准、工程建设标准之间的衔接。编制装配式建筑各类结构模数标准，形成适合我省的装配式建筑标准化设计方法。编制与装配式建筑相配套的标准图集、工法、手册、指南等。健全装配式建筑计价依据体系，编制针对装配式建筑的工程定额和工程量清单。

2.发展新型结构体系。自主研发和引进技术相结合，推动装配式建筑结构体系协调发展。重点研发和推广钢结构建筑体系，积极研发和推广装配式混凝土建筑体系。推进现代木结构建筑技术体系及中高层木结构建筑研究。推动"钢 - 混"、"钢 - 木"、"木 - 混"等装配式组合结构的研发应用。

3.优化部品技术体系。加快发展通用化、标准化、模块化、系列化的部品部件，逐步形成规模生产与配套供应的部品部件体系。研发新型墙体材料，推广适应装配式建筑的墙体与保温、装饰一体化技术。推进叠合楼板、内外墙板、楼梯、阳台等预制部品部件的标准化生产与应用。引导整体厨房、整体卫生间等部品集成化发展。推进装配式建筑外围护墙、内隔墙、装修与设备管线等部品化发展。发展具有可改造性和耐久性的管线与结构分离技术。

（四）发挥示范引领带动作用

1. 强化示范城市引领。鼓励装配式建筑示范城市在政策创新、模式创新、管理创新、金融创新和产业要素集聚等领域先行先试。示范城市要从装配式建筑核心能力的培育、特色基地企业和产业集聚园区建设、装配式建筑规模和示范项目技术特性等方面引领全省装配式建筑发展。

2. 实现产业园区辐射。各地根据所在区位和装配式建筑发展定位，培育当地基地企业，鼓励科研单位、设计企业、生产企业、施工企业等组成产业联盟并形成产业集群，建设符合区域发展特色的装配式建筑示范园区。示范园区要从创意设计、部品部件生产、部品加工集成、机械装备制造、会议展览、仓储物流等环节确立发展特色和产业集聚点，形成差异化发展。园区建设要统筹"空间、规模、产业"三要素，以智慧城市理念进行规划建设和运营，运用互联网和大数据手段打造装配式建筑智慧园区，形成装配式建筑的产品市场、服务市场和要素市场。

专栏 6：全省装配式建筑重点园区发展引导（2020 年）

石家庄——装配式建筑综合示范园区

　　石家庄市依托装配式建筑基地企业，聚集建筑设计、专业装备、部品部件生产、施工和其他配套产品等全产业链企业，打造国际领先、国内一流的装配式建筑综合示范园区。

唐山——钢结构建筑示范园区

　　唐山市依托钢结构产业基地、装配式建筑基地企业，打造钢结构示范园区和现代木结构建筑示范园区。

邯郸——冀南装配式建筑特色示范园区

　　邯郸市依托装配式建筑基地企业，打造以服务冀南地区为主的区域性装配式建筑示范园区。

保定——环京津装配式建筑特色示范园区

　　保定市依托装配式建筑基地企业，打造以服务北京市、雄安新区和保定周边地区为主的装配式建筑示范园区。

---

3. 推动试点项目带动。积极开展装配式建筑试点示范项目建设，通过试点示范项目推动装配式建筑及相关部品部件发展。大力推广安全可靠、绿色节能、应用成熟的技术体系，提升技术、产品的集成化应用水平，提高房屋的整体建造质量和水平。到 2020 年，全省建成80 个省级装配式建筑示范项目，其中 40 个钢结构建筑示范项目、20 个装配式混凝土建筑示范项目和 20 个农村装配式低层住宅示范项目。

4. 推进建筑全装修。推行装配式建筑全装修成品交房。推广标准化、集成化、模块化的装修模式，推行装配式建筑全装修与主体结构、机电设备一体化设计和协同施工。全装修要提供大空间灵活分割及不同档次和风格的菜单式装修方案，满足消费者个性化需求。

　　加快推进装配化装修，提倡干法施工，减少现场湿作业。推广集成厨房和卫生间、预制隔墙、主体结构与管线相分离等技术体系。建设装配化装修试点示范工程，政府投资的棚户区改造项目率先推行全装修，鼓励社会投资的装配式住宅进行全装修，不断提高全装修综合水平。

（五）提升建设能力

1. 培育龙头骨干企业。培育一批设计、生产、施工一体的装配式建筑龙头企业，促进建筑业企业转型发展。引导省内特级、一级资质的大型建筑企业、一级资质房地产开发企业和行业内有影响力的部品部件生产企业、设计企业通过调整组织结构、健全管理体系、完善内部机制，实现转型升级，适应装配式建筑大工业生产方式要求。鼓励大型预拌混凝土企业和建材企业逐步转型为预制部品部件生产企业。鼓励设计、开发、施工和部品部件生产企业等形成产业集团或联合体。到2020年，全省培育10家以上开发及总承包类龙头企业、15家以上部品部件生产龙头企业、10家以上设计研发龙头企业。

2. 提高设计统筹水平。鼓励和引导设计单位提高装配式建筑设计能力。推行装配式建筑一体化集成设计，强化装配式建筑设计对部品部件生产、安装施工、装饰装修等环节的统筹，推进装配式建筑标准化设计，优先采用标准化、通用化、模数化的部品部件，提高标准化部品部件应用比例。装配式建筑设计深度要达到相关要求。设计单位要提升设计人员装配式建筑设计理论水平和全产业链把握能力，为装配式建筑提供全过程指导，促进各参与主体形成协同合作机制。

3. 增强部品部件生产能力。引导部品部件生产企业面向我省区域中心城市、节点城市和京津地区合理布局，降低运输成本，增强生产能力，防止产能过剩。生产企业要加强装配式建筑部品部件核心技术、新产品的开发，提高专业服务能力。积极协同对接京津部品部件标准，逐步实现京津冀部品部件产品统一化、标准化，提高部品部件生产水平。

4. 提升装配式施工能力。鼓励企业完善装配式建筑施工工艺和工法，研发与装配式建筑施工相适应的生产设备、施工设备、机具和配套产品，提高装配施工、安全防护、质量检验、组织管理的能力和水平，提升部品部件的施工质量和整体安全性能，全面提升我省建筑施工企业的装配式施工能力。鼓励施工企业创新工程总承包项目管理模式，提高施工效率和施工质量，加强现场施工管理，创建文明施工工地。

5. 强化人才队伍建设。建立装配式建筑人才队伍培育机制，为装配式建筑发展提供人才支撑。鼓励企业与专业院校合作，开设装配式建筑相关课程和学科，定向培养市场急需的管理和技术人才。通过职业教育培养专业技能，着力发展产业工人队伍。加强技术交流，推广先进经验。到2020年，全省培育形成装配式建筑领军人才15～30人、高级经营管理人才900～1500人、各类专业高级技能人才9000～15000人。

（六）促进装配式建筑绿色发展

1. 推动装配式建筑与建筑节能有机结合。加强自保温、阻燃、长寿命、可循环、环保的新型建材与建筑部品结合研发，鼓励装饰与保温隔热材料一体化应用，加强新型城镇供热方式与装配式建筑的结合研发，研发相关设计软件，在技术和材料上实现对建筑节能的保障。

2. 推进装配式建筑与绿色建材、绿色建筑有机结合。积极推进绿色建材在装配式建筑中的应用，到2020年，绿色建材在装配式建筑中的应用比例达到50%以上。装配式建筑要全面执行绿色建筑标准，鼓励建设装配式建筑、绿色建筑、超低能耗建筑综合示范工程。推动太阳能光热光伏、地源热泵、空气源热泵等可再生能源与装配式建筑一体化应用。

（七）加强信息化管理技术应用。鼓励企业加大建筑信息模型（BIM）技术、智能化技术、虚拟仿真技术等信息技术的研发、应用和推广力度，加强信息资源整合，提高信息综合利用水平，依靠大数据、云计算技术手段，建立装配式建筑设计、生产、施工、验收全过程的信息化体系，实现设计、生产、施工及维护的信息化管理。在建筑规划、设计阶段引入部品部件及技术体系的信息参数，依据产品信息以及建筑设计的动态反馈机制，优化装配式建筑的规划与设计。运用建筑信息模型（BIM）技术，强化装配式建筑施工进度管理与质量控制，加强部品部件的定位与施工模拟，指导部品部件的精细化装配，实现装配式建筑精细化施工，提高建设质量与施工速度。

五、保障措施

（一）强化组织领导

各地要切实加强对装配式建筑工作的组织领导，建立健全工作和协商机制，落实责任分工。根据本规划提出的各项任务和政策措施，充分调动各方面积极性，加强政策研究，制定实施方案，强化统筹协调，及时解决装配式建筑发展中的问题，确保顺利推进。

（二）强化监督考核

把装配式建筑发展情况列入重点考核督查项目，作为住房城乡建设领域一项重要考核指标，从项目数量、项目储备、开工情况、竣工情况等方面进行综合评价，定期通报考核结果。建立装配式建筑统计上报制度，加强装配式建筑企业和装配式建筑项目数据库建设。

（三）培育市场有效需求

1. 强化政府投资项目采用装配式建筑。各地要率先在政府投资的建设项目中采用装配式建筑，并逐年提高应用比例。从 2017 年开始，政府投资的医院、敬老院、学校、幼儿园和场馆等公共建筑原则上采用装配式建筑。各地要明确装配式建筑在城镇重要功能区建设和棚户区改造等项目中的应用比例，其中由政府投资或者享受政策支持的项目要优先采用装配式建筑。

2. 引导社会投资项目采用装配式建筑。各地根据本地装配式建筑发展目标，本着"因地制宜、阶段发展、适度集中和逐步强化"的原则，明确社会投资项目中采用装配式建筑比例，鼓励社会投资项目采用装配式建筑。积极推进建筑围墙、道路硬化、临时建筑、管道管廊等建设配套设施采用装配式建筑部品部件。

（四）强化技术指导

组建由管理部门、企业、科研机构、高等院校等相关专家组成的省装配式建筑专家委员会，分专业设立设计、部品部件生产、施工装配等专家小组，负责全省标准编制、项目评审、技术论证等相关技术服务指导工作。各地也要成立相应的专家委员会，按照相应权限及程序，负责对除需要国家、省专项技术审查和论证以外的本地装配式建筑项目建设方案进行论证，并为施工图审查提供参考意见。

（五）强化质量安全监管

各地要加强装配式建筑工程质量安全监管，严格控制装配式建筑现场施工安全和工程质量，强化质量安全责任。加强工程质量安全监管人员业务培训，提升适应装配式建筑的质量安全监管能力。建设和监理等相关方要加强装配式建筑工程质量安全检查，重点检查连接节点施工质量、起重机械安全管理等，全面落实装配式建筑工程建设过程中各方责任主体履行责任。

（六）强化政策支持

根据国家和我省发展装配式建筑的政策措施，结合建筑节能和绿色建筑发展有关政策，构建全面、系统的政策保障体系，确保我省装配式建筑发展激励措施落实到位。各地引导优秀企业培育差异性、互补性强的装配式建筑产业体系，积极进行科技研发和创新工作，鼓励具备条件的企业申报国家和省级装配式建筑产业基地。各地要结合实际，探索建立装配式建筑金融支持政策。

（七）推动建立京津冀产业发展联盟

发挥北京全国科技创新中心、天津现代制造中心及河北配套落实的优势，建立京津冀装配式建筑产业发展联盟，共建统一的成果转移转化和技术交易平台，打造协同创新载体，实现创新成果、科技人才、信息资源共享。加强装配式建筑的研究、设计、部品部件生产、施工装配等方面的相互合作，发挥建设行业领军企业的优势作用，通过有效融合行业资源，打通设计、生产、施工、装修一体化产业链，嫁接金融资源，推动 PPP 模式应用，拓宽发展途径，推进京津冀装配式建筑协同发展。

（八）加强宣传引导

充分利用电视、广播、报刊、网络等媒体，通过多种形式深入宣传发展装配式建筑的经济社会效益，广泛宣传装配式建筑基本知识和支持政策，提高公众对装配式建筑的认知度，营造各方共同关注、支持装配式建筑发展的良好氛围。及时总结成功经验，通过典型引路，引导企业参与装配式建筑发展，提升建筑科技水平。

附录8 河北省加快推进钢结构建筑发展方案

河北省人民政府 2017年6月6日

为发挥钢结构建筑抗震性能好、工业化程度高、对建筑形体和空间适应性强的优势，提升建筑品质，提高建筑产业现代化水平，促进钢铁产业化解过剩产能和转型升级，结合我省实际，现就加快推进钢结构建筑发展制定如下方案。

一、总体要求

在"适用、经济、绿色、美观"的建筑方针指导下，以改革创新为动力，以科技研发为支撑，加大政策扶持力度，加快培育龙头企业。在大跨度工业厂房、仓储设施中全力推广钢结构；在适宜的市政基础设施中优先采用钢结构；在公共建筑中大力推广钢结构；在住宅建设中积极稳妥地推进钢结构应用，把钢结构建筑打造成我省优势产业。

二、发展目标

到"十三五"末，建立起比较完善的钢结构建筑技术和标准规范体系。在全省培育3-5个推进钢结构建筑发展重点市县，10家以上钢结构建筑龙头企业，10-20家钢结构建筑配套部品生产骨干企业，为钢结构建筑发展奠定坚实的产业基础。

到"十三五"末，除特殊功能需要外，大跨度工业厂房、仓储设施原则上要全面采用钢结构；市政桥梁、轨道交通、公交站台等适宜的新建市政基础设施项目，应用钢结构的比重达到75%以上；政府投资的办公楼、医院、学校、场馆等单体建筑面积超过2万平方米的新建公共建筑率先采用钢结构，社会投资的新建公共建筑应用钢结构比重达到15%以上；启动一批钢结构住宅规模化示范项目。

三、主要任务

（一）制定发展规划。制定河北省钢结构建筑"十三五"发展规划。各地要结合实际，编制本地钢结构建筑发展规划和年度实施计划，明确发展目标、主要任务、激励政策和保障措施。钢铁生产大市要制定更高的发展目标和更优惠的支持政策，率先推进钢结构建筑发展。从项目立项和可行性研究阶段开始，各市要区别不同类型建筑，明确钢结构建筑的发展要求。以出让方式提供国有土地使用权的建设项目，在国有土地使用权出让前，在规划条件中应明确钢结构建筑应用的相关要求，并作为国有土地使用权出让合同的附件。以划拨方式提供国有土地使用权的建设项目，对应该选用钢结构的，在核发建设用地规划许可证时作为规划条件予以明确。

（二）完善标准规范。以钢结构建筑用钢和钢结构住宅为重点，加快完善钢结构建筑标准规范体系。省质量技术监督局、省住房城乡建设厅要抓紧编制钢结构建筑钢材模数标准，省工业和信息化厅要推动钢铁企业生产符合模数标准的钢材。省住房城乡建设厅要完善钢结构建筑计价依据，并结合技术进步和产品创新，进一步完善钢结构住宅地方标准体系，为钢结构住宅建设提供支撑。

（三）培育龙头企业。整合现有资源，搭建钢结构有关企业组成的产业联盟。支持国外、省外优势企业与本省企业合作，提升本省企业综合实力。鼓励有条件的钢铁企业调整产品结构，提高钢结构建筑用钢的防火、防腐性能，完善钢材品种和规格。支持设计单位提高钢结构建筑集成设计能力，统筹装配式施工和部品部件应用、一体化装修等环节。鼓励传统建筑企业产业转型，发展钢结构建筑，创新钢结构建筑施工工法和项目管理模式，完善质量检验技术，提高施工质量和效率。支持钢构件生产企业加大高性能钢材的应用，促进钢构件清洁生产。支持有实力的配套部品生产企业开发防火防腐与装饰装修相结合、结构保温与装饰相结合的一体化技术和产品，提高配套部品的标准化、系列化和通用化水平。引导传统建材企业向新型建材企业转型，大力发展与钢结构建筑配套的绿色建材。培育从事钢结构建筑的装配式建筑生产基地，促进上下游产业链的联动发展，形成支撑钢结构建筑发展的产业规模。

（四）加大技术创新。将钢结构建筑发展列入各级科技计划重点支持领域，鼓励钢结构建筑生产和施工企业与大专院校、研发设计企业合作，研发和推广满足结构安全和建筑性能需求、易于施工安装的高效连接技术；研发轻质节能环保钢结构建筑围护体系，提升围护体系性能，并满足居住建筑75%、公共建筑65%节能标准；研发适合钢结构建筑施工特点的配套工具。加大建筑信息模型（BIM）等技术应用力度，支持和引导搭建钢结构产业信息协作平台和BIM协同管理平台，实现钢结构建筑投资决策、勘察设计、构件加工、装配施工、运营维护各阶段的信息共享和各参与方的无缝对接，满足工程建设不同阶段对质量控制和工程进度、投资控制的需求。

（五）抓好队伍建设。建立多层面的钢结构建筑专业人才培训体系，培养满足市场需求的多层次专业人员。结合工程建设，加大培训力度，培育一批熟练掌握钢结构建筑核心技术的设计和施工企业，形成一批高素质的钢结构建筑设计和施工专业人才队伍，为保障钢结构建筑质量安全奠定坚实的技术和人才基础。

（六）落实建设项目。各地每年要在政府投资、主导的市政基础设施、公共建筑等建设项目中筛选一批项目采用钢结构方式建设；在政府投资和主导的棚户区及危旧房改造、抗震安居工程等住宅项目中，拿出不低于5%的项目开展钢结构住宅项目规模化示范；鼓励房地产开发企业建设钢结构住宅；结合美丽乡村建设，在农村居民自建住房项目中开展钢结构建筑试点；督促工业企业采用钢结构建设大跨度工业厂房、仓储设施。

（七）保障质量安全。建立健全钢结构建筑设计、构件生产、施工和运营维护等全过程质量安全体系，推行质量管理标准化，强化钢结构建筑工程质量安全监管，严格项目质量安全主体责任。加强钢构件生产质量监督，强化装配施工现场安全管理和钢结构建筑防火、防腐等质量安全环节的检查和验收，保障钢结构建筑质量安全，提升工程质量水平。

四、政策支持

从事钢结构建筑的有关企业和钢结构建筑项目除享受《河北省人民政府关于推进住宅产业现代化的指导意见》（冀政发［2015］5 号）支持政策外，享受以下支持政策。

（一）在 2020 年年底以前，对新开工建设的城镇钢结构商品住宅和农村居民自建钢结构住房项目，由项目所在地政府按照 100 元/平方米予以补贴。具体办法由各市制定。

（二）支持钢铁生产企业进行钢结构建筑生产技术改造，优先列入省工业企业技术改造项目库，并给予一定的技改资金支持。

（三）对引进大型专用先进设备的钢结构建筑生产企业，按照规定落实引进技术设备免征关税、重大技术装备进口关键原材料和零部件免征进口关税及进口环节增值税、企业购置机器设备抵扣增值税、固定资产加速折旧政策。

（四）企业销售自产的经认定列入《享受增值税即征即退政策的新型墙体材料目录》的钢结构建筑预制墙体材料，按规定享受增值税即征即退 50% 的政策。钢结构建筑预制墙体部分，征收的新型墙体材料专项基金即征即退。

（五）在《河北省重污染天气应急预案》I 级应急响应措施发布时，钢结构建筑施工工地可不停工，但不得从事土石方挖掘、石材切割、渣土运输、喷涂粉刷等作业。

（六）在评选优质工程、优秀工程设计和考核文明工地时，优先考虑钢结构建筑。

（七）采用钢结构方式建设的商品住房项目，在办理规划审批手续时，其外墙预制部分建筑面积（不超过规划总建筑面积的 3%）可不计入成交地块的容积率核算。在办理《商品房预售许可证》时，允许将预制构件投资计入工程建设总投资额，纳入进度衡量。

附录9 吉林省人民政府办公厅关于推进木结构建筑产业化发展的指导意见

吉政办发〔2017〕12号

各市（州）人民政府，长白山管委会，各县（市）人民政府，省政府各厅委办、各直属机构：

为贯彻落实中央城市工作会议和《中共中央国务院关于进一步加强城市规划建设管理工作的若干意见》（中发〔2016〕6号）、《国务院办公厅关于大力发展装配式建筑的指导意见》（国办发〔2016〕71号）精神，按照全国木结构建筑产业化发展试点省建设的总体安排，结合我省实际，经省政府同意，现就加快推进全省木结构建筑产业化发展提出如下意见。

一、总体要求

（一）指导思想。

以建立木结构建筑产业化"资源链、产业链、技术链"和"政策体系、标准体系、市场体系"为核心，以推进木结构建筑产业化示范园区、生产基地、试点项目为载体，以创新木结构建筑管理体制和运行机制为保障，着力提高木结构建筑产业化科技创新、市场化运作和可持续发展能力，探索建立适合木结构建筑产业化发展的管理程序、管理制度、管理标准和运行机制，促进全省木结构建筑产业化健康有序发展。

（二）基本原则。

1. 政府引领，市场推进。坚持正确的发展导向，各级政府加大政策支持，发挥企业市场主体作用，统筹推进木结构建筑全产业链的融合发展。

2. 突破重点，示范先行。坚持改革创新，健全木结构建筑质量安全标准，完善技术体系，理顺木结构建筑管理体制，通过示范引领，促进木结构建筑产业化发展。

3. 立足实际，逐步推广。坚持从实际出发，统筹资源、政策、技术、市场条件，在适宜采用木结构的项目中优先发展木结构建筑，推动木结构建筑产业化各环节协调发展。

（三）发展目标。

到2020年，新建100万 m² 木结构建筑项目；建设1个国家级木结构建筑产业化技术研发中心、1个木结构建筑产业化发展集聚示范区、1个木结构建筑产学研技术创新联盟、1个木制品加工产业园、1个森工林产品展示中心、1个木结构建筑培训基地、3~5个木结构建筑生产基地。打造完成木结构建筑产业化从木材选购、园区建设、物流运输、材料研发、设备制造、产品设计、生产加工、施工安装、工程验收、运营维护到回收利用的全产业链，培育新的经济增长点。

二、重点工作

（一）建立木结构建筑产业化资源链。

1. 注重木结构建筑用材林培育。积极争取国家政策，加强国有林区和东部地方国营林场森林资源保护和培育，加快推进国家储备林建设，引导经营者培育可用于木结构建筑的用材林。（责任单位：省林业厅）

2. 加快进境木材落地加工基地培育。立足我省林产工业基础和珲春地区通道优势，依托俄罗斯等境外木材资源，积极吸引和承接木材加工企业及项目，培育建设"珲春 – 敦化"及长白山地区为重点区域的木材贸易、仓储、物流及落地加工基地。加大对珲春地区进境木材落地加工支持力度，推动珲春市"东北亚国际木材交易中心"建设，打造木结构建筑产业化原材料保障供应基地。运用珲春市内贸外运政策，发挥海上运输优势，形成年供应量达到 800 ~ 1000 万 m³ 的俄罗斯木材全国集散地。同时，通过进口加拿大、芬兰、新西兰等国家木材，建立进口木材供应加工基地。（责任单位：省工业和信息化厅、省住房城乡建设厅、省林业厅、省商务厅、白山市政府、珲春市政府、敦化市政府）

（二）建立木结构建筑产业化产业链。

1. 培育一批有竞争力的木结构建筑产业化企业。加大扶持力度，有针对性地为企业提供指导和服务，支持企业通过技术和管理创新，不断提高生产建造水平，形成一批在国内具有核心竞争力的行业骨干企业。着力培育省级木结构建筑生产基地，组织申报国家住宅产业化基地。（责任单位：省工业和信息化厅、省住房城乡建设厅、省林业厅、省科技厅）

2. 形成完善齐备的木结构建筑产业化配套企业群。加快培育木材贸易、木材加工、绿色建材（秸秆制板）生产、机械装备制造、连接件制造、胶结材料生产等木结构建筑产业化配套生产企业及技术咨询、材料研发、工程设计、检验检测、第三方认证、会展金融等配套服务企业，形成完善齐备的产业链条。（责任单位：省工业和信息化厅、省住房城乡建设厅、省林业厅、省科技厅）

3. 引进省外有实力的木结构建筑产业化企业。各级政府制定出台优惠政策，加大招商引资力度，吸引省外木结构建筑产业化相关设计、研发、生产、加工、制造、施工企业等市场主体落户示范园区，完善产业链条，形成产业集群。（责任单位：各市、县级政府）

4. 建立木结构建筑产业化发展联盟。整合木结构建筑产业化资源，组建由大专院校、科研院所、开发企业、设计企业、生产加工企业、施工企业、木结构建筑产业化配套企业、行业组织等组成的木结构建筑产业化发展联盟，构建以企业为主体、市场为导向、产学研用相结合的发展机制，大力加强行业自律，推动木结构建筑产业化协调发展。（责任单位：省住房城乡建设厅、省工业和信息化厅、省林业厅）

（三）建立木结构建筑产业化技术链。

1. 组建国家级专家团队。依托省内外知名院校、科研院所、研发机构及设计、生产、施工企业，组建木结构建筑专家组，为木结构建筑结构体系、维护体系、关键技术、生产工艺、相关机械、装备、材料研发，提供技术支持和帮助，为各级政府、相关主管部门及其他市场

主体提供相关技术和决策咨询服务。(责任单位:省住房城乡建设厅)

2. 创建国家级技术研发中心。依托长春新区"木结构建筑产业化发展集聚示范区",引导企业采取市场化手段建立国家级木结构建筑产业化技术研发中心,开展木结构建筑新体系、新技术、新材料、新工艺等的开发、示范、应用、转化,提高木材使用率,加强木结构建筑配套技术、新型高强复合材及配套材料等方面的研究,提高自主创新能力和技术集成能力。(责任单位:省住房城乡建设厅、省科技厅)

3. 创建国家级检测中心。依托省内相关院校、科研院所,组织建立国家级木结构建筑检测中心,通过市场化运行机制,开展木结构建筑科研实验,对木材性能、胶结材料性能、连接件、木结构建筑部品部件、木结构建筑工程进行检验检测。对尚无国家标准的新型木材产品进行评估检测,促进木结构新技术、新材料、新工艺的推广和应用。(责任单位:省住房城乡建设厅、省质监局)

(四)建立木结构建筑产业化政策体系。

1. 完善配套政策。省住房城乡建设厅制定木结构建筑标准规范、管理制度和管理程序;省财政厅研究制定资金扶持政策,将木结构建筑产业化发展项目纳入吉林省建筑节能奖补资金支持范围;省公安厅制定木结构防火技术专家评审办法;省林业厅积极争取国家林业发展政策,适时启动储备林建设;省国税局、省地税局落实相关税收政策,支持木结构建筑产业化发展;其他省直相关部门和各地政府从本部门、本地区实际出发,加强对木结构建筑产业化发展的支持。(责任单位:省住房城乡建设厅、省发展改革委、省工业和信息化厅、省财政厅、省公安厅、省林业厅、省人力资源社会保障厅、省商务厅、省环保厅、省金融办、省质监局、省经合局、省国税局、省地税局)

2. 编制发展规划。组织编制《吉林省木结构建筑产业化发展规划》,结合木结构建筑产业化发展历程和现状,全面分析面临的机遇与挑战,正确处理资源与开发、生产与监管、使用与维护、价格与市场等方面关系,明确产业发展方向,确定产业发展布局,提出产业发展目标、重点任务和政策措施,指导全省木结构建筑产业化发展。(责任单位:省住房城乡建设厅、省发展改革委、省工业和信息化厅、省林业厅)

(五)建立木结构建筑产业化标准体系。

1. 完善规范标准。在国家相关标准和规范的基础上,编制吉林省《低层木结构建筑设计规程(试行)》《多层木结构建筑设计规程(试行)》《木结构工程质量验收规范(试行)》等标准规范和相关标准图集,细化操作规定,深化节点构造及材料要求,明确相关管理标准,指导木结构建筑设计、生产、施工、检测、验收。(责任单位:省住房城乡建设厅、省公安厅、省质监局)

2. 完善计价标准。收集、测算木结构建筑工程相关数据,制定《吉林省木结构建筑工程计价定额》,为木结构建筑项目可研、招标投标、工程预结算等提供计价依据。(责任单位:省住房城乡建设厅)

3. 编制认证评价标准。组织编制原木、锯材、集成材(胶合木)、层积材、OSB板、胶结材料、新型木材防护材料、木结构部品部件、木结构建筑等产品质量检验和认证评价标准;

制定木结构建筑生产企业地方认证标准。建立覆盖原材料、生产、制造、产品等全过程的质量认证评价标准。（责任单位：省住房城乡建设厅、省工业和信息化厅、省林业厅、省质监局）

（六）建立木结构建筑产业化市场体系。

1. 建立规范有序的木结构建筑市场秩序。理顺木结构建筑管理机制，建立适合木结构建筑产业化发展的管理制度体系，健全信用评价体系，切实加强市场监管，规范木结构建筑市场各方主体行为，保证木结构建筑产品质量和施工质量，保证木结构建筑市场公平竞争，实现规范有序发展。（责任单位：省住房城乡建设厅）

2. 建立质量监控体系。鼓励行业组织建立从原材料、部品部件、木结构建筑产品到生产企业的认证体系，由第三方认证机构对木结构建筑原材料、部品部件及生产企业等进行认证，定期公布通过质量认证的产品和企业名录。强化政府监督，加强行政部门、质量监督机构对木结构建筑的监督管理。建立木结构建筑生产建造全过程的质量监控体系，对达不到标准要求的木结构建筑不予验收，不准投入使用，确保产品及工程质量。建立有效的维保体系，严格遵循木结构建筑设计使用年限要求，定期对木结构建筑性能进行检测，及时进行保修和维护，确保正常使用年限。（责任单位：省住房城乡建设厅、省工业和信息化厅、省质监局）

3. 扩大木结构建筑应用范围。重点在园林景观建筑、公共服务设施、公共建筑、城镇居住建筑、新农村建筑中推广应用木结构建筑。同时，积极探索木—钢、木—混凝土等组合结构建筑，进一步扩大木质墙体、木制品、木质装修材料的应用范围。在发展木结构建筑过程中，合理确定建设规模，按要求同步建设公共消防设施。（责任单位：省住房城乡建设厅、省财政厅、省林业厅、省教育厅、省交通运输厅、省旅游局，各市、县级政府）

（七）建立木结构建筑产业化示范园区。

1. 建立"木结构建筑产业化发展集聚示范区"。按照"功能多样、先行先试、示范引领、辐射带动"的发展思路，在长春新区规划建设"木结构建筑产业化发展集聚示范区"，吸引省内外科研力量，引进木结构设计、生产、部品、配件、原材料生产等木结构建筑产业化企业，重点发展木结构建筑设计与生产、科技与研发、博览与会展、加工与制造、商贸与物流、金融与服务等产业，形成完整的产业链，探索建立多产业融合可持续发展的新模式。（责任单位：长春市政府）

2. 建立"木制品加工产业园"。依托经国家林业局批准的"东北亚国际木材交易中心"，在珲春市规划建设"木制品加工产业园"，引进和培育一批木材经销企业、木材深加工企业、物流运输企业、木工机械制造经销企业及相关配套服务企业，形成从木材资源进口、木材深加工、大宗木材交易、木材产品销售、仓储运输一条龙模式，将其建设成为俄罗斯木材及相关制品的全国加工、交易、配送集散地。（责任单位：珲春市政府）

3. 建立"吉林森工林产品展示中心"。依据经国家林业局批准的吉林森工林产品展示中心，加快推进展示中心木结构建筑工程建设。依托长白山丰富的旅游资源，将其建设成为旅游、避暑、度假、观光、科普、健身等多功能森林休闲度假中心，实现自我良性循环发展。（责任单位：吉林森工集团）

（八）创新木结构建筑管理体制和运行机制。

1. 创新体制机制。建立适应木结构建筑项目建设的从工程招标、施工图审查、施工许可、质量安全监管、工程监理、检验检测、竣工验收、工程结算、产权登记到运营维护全生命周期的管理制度、管理标准，建立符合木结构建筑产业化发展的管理体制和机制。（责任单位：省住房城乡建设厅、省公安厅、省国土资源厅）

2. 推行工程总承包方式。鼓励木结构建筑项目采用以设计为龙头的工程总承包方式建设，探索建立建筑师负责制。建设单位可以在完成木结构建筑项目可行性研究报告或者初步设计后，依据确定的建设规模、建设标准、投资限额及工程质量、进度等要求，进行工程总承包项目发包。工程总承包范围内涵盖的勘察、设计、采购、施工，可不再通过招标确定分包单位。（责任单位：省住房城乡建设厅）

3. 强化人才培养。鼓励相关高校开设木结构建筑专业课程，通过校企合作等多种方式，培养适应木结构建筑产业化发展需求的技术和管理人才。开展多层次木结构建筑产业化知识培训，在现有专业技术人员继续教育中增加木结构建筑专业知识内容，加快木结构建筑设计人员的培养，提高木结构建筑设计能力和水平，建立有利于木结构建筑产业化发展的人才培养长效机制。（责任单位：省住房城乡建设厅、省人力资源社会保障厅、省教育厅）

三、政策支持

（一）加大资金支持。符合条件的木结构建筑产业化技术研发项目，列为省级科技专项资金支持对象。符合条件的木结构特色小镇优先向国家推荐，申请国家专项建设基金和财政奖励。建立重点企业联系机制，协调帮助解决企业进出口运行中遇到的困难和问题。对出口企业参加国际展会等市场开拓活动给予资金支持。在外经贸发展引导资金中，对企业重点项目建设和市场开拓活动给予补助。（责任单位：省财政厅、省商务厅、省发展改革委、省住房城乡建设厅、省科技厅）

（二）实施税费优惠。对木结构建筑生产企业，符合条件的认定为高新技术企业，按规定享受相应的税收优惠政策。按规定落实引进技术设备免征关税、重大技术装备进口关键原材料和零部件免征进口关税及进口环节增值税、企业购置机械设备抵扣增值税、固定资产加速折旧、研发费用加计扣除、技术转让免征或减半征收所得税等优惠政策。鼓励支持木结构建筑生产企业开拓境外市场，享受相关税收政策。将木结构建筑材料纳入吉林省新型墙体材料目录。（责任单位：省财政厅、省住房城乡建设厅、省商务厅、省国税局、省地税局）

（三）加大金融支持。加强银企对接，住房城乡建设、工业和信息化、林业、金融等部门积极向金融机构推介木结构建筑产业化相关企业，争取金融信贷支持。鼓励金融机构对符合条件的企业开辟绿色通道，在授信额度、质押融资、贷款发放等方面给予支持；对引进、消化吸收、自主创新研发大型专用先进设备的木结构建筑产业化相关企业，金融机构要积极给予信贷支持。对购买木结构住宅的消费者，金融机构要依据相关住房贷款政策积极给予信贷支持，对公积金贷款，可优先放贷。（责任单位：省住房城乡建设厅、省工业和信息化厅、省林业厅、省金融办、人民银行长春中心支行）

（四）提供用地支持。加强木结构建筑产业化园区、生产基地及木结构建筑项目用地保障。各地应根据木结构建筑产业化发展规划要求，加强项目用地保障，对列入年度示范项目投资计划、符合供地条件的优先安排用地指标。（责任单位：省国土资源厅）

（五）给予交通支持。公安、市政和交通运输管理部门对符合国家法律法规标准的运输超大、超宽的木结构建筑部品部件的运载车辆，在物流运输、交通畅通方面给予支持。（责任单位：省公安厅、省住房城乡建设厅、省交通运输厅）

四、保障措施

（一）加强组织领导。省政府建立工作协调机制，统筹推进全省木结构建筑产业化发展工作。省直各有关部门在按照职责分工，认真履职尽责，密切协调配合，加强对各地的指导和服务，推进木结构建筑产业化发展。

（二）落实发展责任。各地政府要站在促进经济社会和资源环境协调发展的高度，将木结构建筑产业化发展纳入重要议事日程，加大支持，加强引导，做好试点、示范工作，及时总结典型做法和成功经验，完善政策措施，建立有效模式，形成有利于推进木结构建筑产业化发展的工作格局。

（三）强化示范引领。推进木结构建筑产业化示范园区、生产基地、试点项目建设。对在推进木结构建筑产业化工作中涌现出的先进单位和个人，按照国家和省相关规定给予表彰，营造良好氛围，发挥示范引领作用，推动木结构建筑产业化发展。

（四）加强市场监管。规范木结构建筑市场监管，健全木结构建筑（包括部品部件）的质量监督、检测制度，建立强化木结构建筑质量追溯机制，落实市场主体质量责任终身制。制定和完善木结构建筑质量验收、安全管理及监督检查标准，加强木结构建筑施工现场质量安全监管，探索建立木结构建筑工程质量保证保险制度，确保木结构建筑质量合格、安全可靠、环保达标。

（五）加强宣传推广。组织开展系列访谈、专家讲座、制作宣传片，举办产业博览会、技术交流会、观摩研讨会、发展论坛等，充分利用报纸、网络、广播、电视等各类媒体，加大宣传推广力度，进行全方位宣传，提高社会对木结构建筑产业化的认知，营造良好的舆论氛围和发展环境。

吉林省人民政府办公厅

2017 年 1 月 22 日

附录10 福建省装配式建筑"十三五"专项规划

福建省住房和城乡建设厅

2016 年 5 月 31 日

在我国城镇化建设和经济社会快速发展进程中,建筑业为改善人居环境、提高人民生活水平、建设小康社会发挥了重要的基础性作用。但传统建造方式以现场手工作业为主,存在资源和能源利用效率低、对生态和环境破坏大、质量通病难以根治等问题。装配式建筑的部品部件在工厂加工制作,在工程现场通过可靠的连接方式装配而成,具有设计标准化、生产工厂化、施工装配化、装修一体化、管理信息化、应用智能化等特征,其种类包括装配式混凝土结构、钢结构、木结构以及混合结构建筑等。发展装配式建筑可显著提高建筑综合品质和性能、施工安全和质量,可有效减少用工、缩短工期、提高生产效率,明显减少资源能源消耗以及建筑垃圾和噪声、粉尘等污染物排放,是建设领域推进生态文明建设,贯彻落实绿色循环低碳发展理念的重要要求,是稳增长、调结构、转方式和供给侧结构性改革的重要举措,也是提高绿色建筑和节能建筑建造水平,促进传统建造方式转型升级的重要途径。

2013 年起,省厅启动发展装配式建筑工作,各项工作有序推进。"十三五"时期是发展装配式建筑的关键时期,科学编制和有效实施福建省发展装配式建筑专项规划,分析我省当前发展现状和存在问题,明确未来五年发展目标和主要任务,提出保障措施,持续推进我省装配式建筑发展,具有重要的指导意义。

一、发展基础

（一）发展现状

1. 工作机制基本形成。为加强对发展装配式建筑的组织领导和政策协调,省厅专门成立"厅建筑产业现代化推进领导小组"。厦门、泉州市也相继以政府名义成立装配式建筑推进领导小组,推动各项工作落实。2015 年 10 月成立福建省装配式建筑专家委员会,负责参与全省有关装配式建筑政策的制订工作;参与装配式建筑认定、部品部件认证等工作;参与全省有关装配式建筑地方标准立项工作;研究解决装配式建筑试点项目建设过程中出现的各类技术问题。2015 年 11 月成立福建省建筑产业现代化协会,已有 47 家设计、生产、施工、监理、检测单位以及科研院校加入,并开通了福建装配式建筑网。省建筑产业现代化协会作为企业、行业和政府之间的纽带和桥梁,为广大会员提供交流平台,以及政策宣贯、技术支持和宣传推广等服务,为推进我省装配式建筑发展贡献力量。

2. 政策措施初步完善。2015 年 5 月,省政府办公厅印发《关于推进建筑产业现代化试点的指导意见》（闽政办〔2015〕68 号,下称"试点指导意见"）,从加强用地保障、加强金融服务、落实税费政策、提供招标支持、加大行业扶持、保障运输通畅等六大方面提出了政策扶持措施。

我省装配式建筑试点从设计图审、招标投标、竣工验收到工程结算所需的政策标准及配套规定基本确立，可以满足装配式建筑试点的需求。印发《关于我省建筑产业现代化试点期间做好工业化建筑工程项目招标投标活动的指导意见》，为装配式建筑开展招投标活动提供了依据；印发《福建省工业化建筑认定管理（试行）办法》，明确了装配式建筑认定的标准及程序；制定《建筑产业现代化部品部件认证暂行办法》，保障建筑部品部件质量；出台《福建省预制装配式混凝土结构技术规程》、《福建省装配式结构设计导则》、《福建省装配式整体式结构施工图审查要点》、《福建省装配式建筑钢筋混凝土预制构件补充定额》等一系列技术文件和标准，为装配式建筑设计、计价提供了依据。同时，各地也陆续出台相关政策措施，如厦门市将"鼓励建筑产业化现代化发展"写入《厦门经济特区生态文明建设条例》，并开展《厦门市新型建筑工业化管理条例》立法调研课题工作；福州市政府出台文件规定自 2016 年 4 月至 2017 年 12 月，新获得建设用地的商品住宅项目，采用装配式建造的比例应达到总建筑面积的 20% 以上（预制率不低于 20%）。

3. 试点工作稳步推进。我省已建成和正在建设的装配式建筑产业基地共有 9 个，分别位于福州闽清、连江、长乐，厦门海沧，漳州长泰、龙海，泉州惠安、晋江以及三明梅列（详见表 1）。其中厦门市于 2014 年 9 月被评为全国第 7 个"国家建筑产业现代化综合试点城市"；福建建超建设集团有限公司长泰生产基地被评为第 52 个国家住宅产业化基地。此外，一些传统建材生产企业如长乐金强、永泰高科、厦门路达、南安高时、福建固正等也进军建筑产业现代化，加强与建筑业深度融合，开发生产适应建筑产业现代化的内外墙板产品、系统门窗、整体式厨卫等部品部件。

我省已建或在建装配式建筑产业基地一览表　　　　　　　　　　　　　　表 1

序号	设区市	园区名称	状态	主要生产构件类型
1	福州	中建（福建）绿色建筑产业园	已建成	装配式 PC 构件
2	福州	福建建工建筑工业化研发生产基地（一期）	在建	装配式 PC 构件
3	福州	金强（福建）建材科技股份有限公司生产基地	在建	钢结构构件、轻钢别墅、工地临建、装配式 PC 构件、预制厨卫
4	厦门	厦门海沧国家住宅产业现代化示范园区	在建	装配式 PC 构件
5	漳州	福建建超建设集团有限公司长泰生产基地	已建成	装配式 PC 构件
6	漳州	福建省泷澄建筑工业有限公司漳州建筑产业现代化生产基地	在建	内外墙板、楼梯、叠合楼板及各种异性 PC 构件
7	泉州	泉州惠安建筑产业现代化生产基地	在建	装配式 PC 构件
8	泉州	泉州（晋江）住宅产业化基地园区	在建	预制墙、板
9	三明	住宅产业化（三明）生产基地一期	在建	钢管束构件、楼板、钢梁、钢柱构件

除传统钢结构外，我省重点推进预制装配式混凝土结构工程项目试点工作。两个采用装配式建造方式的试点工程现已完工，为我省全面开展采用预制混凝土装配式结构工程项目试点积累了设计、施工、监督等方面的经验。福州、厦门、泉州、三明等试点城市抓紧落实装配式建筑试点项目。福州市于2016年5月成功拍出采用装配式建造方式的商业用地，是我省第一例在土地出让条件中明确装配式建造方式的案例，为加快推广应用装配式建筑奠定良好基础。

4. 宣传工作初见成效。"以点带面、示范先行"作用，于2015年6月在厦门、漳州召开全省装配式建筑工作会议暨试点项目观摩会，取得良好效果，得到广大企业代表和主管部门负责人的共鸣。发挥新闻媒体作用，通过在东南电视台播出装配式建筑专题宣传节目，在福建日报发表专题宣传文章，大力宣传我省装配式建筑进展情况。先后邀请国内外业内专家为广大企业进行装配式建筑专题讲座，组织召开设计和施工图审查人员培训研讨会。通过多渠道并举的宣传，建筑行业关注度日益提升，建筑业龙头企业从学习了解阶段转向实质性参与阶段，社会公众对装配式建筑的认知度得到提高，为全面推进装配式建筑试点营造了社会氛围。

（二）存在问题

1. 政策扶持力度亟需加强。在推进装配式建筑初期，生产基地建设投入大、周期长、回报慢、财务成本高，需要加大政府引导和扶持力度，亟需各类政策措施予以支持。目前各设区市尚未编制装配式建筑发展规划，装配式建筑建设及推广缺乏指导性、系统性。《试点指导意见》下发后，部分地区传达贯彻行动缓慢，与其他省市相比，各级政府重视不足，扶持力度偏小。

2. 全行业认识有待提升。我省正处于装配式建筑发展初期，装配式建筑设计、生产及管理等专业人才缺乏，制约了装配式建筑的进一步推广和深化。虽然通过前期宣传，社会对装配式建筑的认知度得到一定提高，但是社会上仍有不少群众或行业主体简单地把装配式建筑等同于"大板房"建筑，对发展前景信心不足，较多行业主体仍处于观望状态，全社会认识有待提升。

3. 装配式建筑市场尚需培育。装配式建筑生产企业积极性高，但在市场推广期需要试点项目作为支撑。由于我省处于装配式建筑起步阶段，预制构件生产规模效应尚未出现、产业工人培养需要时间等因素，装配式建筑推进进度相对滞后。同时，装配式建筑项目工程与传统建筑相比，尚未体现产业化高效优质的明显优势，且建造成本相对高，一定程度增加建设单位的投资成本，从而影响了建设单位的积极性。由于建筑产业链条长，上下游企业多，我省缺乏装配式建筑龙头企业，尚不能发挥龙头企业引领作用，需要加快培育集部品构件生产、设计、施工为一体的大型装配式建筑企业和大量的专业化生产施工企业。

4. 技术标准体系还不完善。我省虽已出台发展装配式建筑试点工作的相关政策措施及配套规定、技术文件或标准，但相关工作仍需进一步加强，为全省推广和发展装配式建筑提供保障。全省尚未建立统一的建筑设计模数，未编制全省通用的住宅产业化标准图集和标准设计方案。此外，企业对企业产品技术标准和施工工法研发重视不够，制约着我省发展装配式建筑工作的标准化、规模化、社会化发展进程。

二、发展目标和主要任务

(一)发展目标

"十三五"期间,2016～2017年为我省装配式建筑试点期,发挥试点城市作用,总结积累装配式建筑试点经验;2018～2020年为推广期,在全省范围内推广应用装配式建造方式。

总体目标:到2020年,全省适应装配式建筑发展的政策环境和市场机制基本形成,规模化生产能力基本具备。发展培育出一批具有较强研发能力、较大规模和综合优势的装配式建筑龙头企业,形成一批以优势企业为核心、贯通上下游产业链的产业集群和产业联盟。全产业链综合能力显著提升,全省装配式建筑产值超过2000亿元。我省成为国家装配式建筑重点示范省;厦门成为国家建筑产业现代化示范城市;福州、泉州市成为国家建筑产业现代化综合试点城市。同时,全省建成20个省级装配式建筑产业基地,其中10个获得国家级装配式建筑产业基地称号;20个工程项目获得国家装配式示范项目称号。全省城镇每年新开工装配式建筑占当年新建建筑的比例达到20%以上,其中福州、厦门、漳州、泉州、宁德、三明6个设区市比例不低于25%,其余设区市及平潭综合试验区比例不低于15%。并且新建装配式建筑全部达到绿色建筑标准,建造过程中建筑垃圾减少20%以上。

我省"十三五"期间发展装配式建筑的主要指标详见表2。

福建省发展装配式建筑"十三五"主要指标　　　　　　　　　　表2

指标	单位	2020年规划目标
国家级装配式建筑基地	家	10
省级装配式建筑基地	家	20
装配式建筑产值	亿元	2000
装配式建筑占新建建筑的比例	%	20

(二)主要任务

1. 稳妥推进装配式建筑产业基地建设。各设区市应根据各自装配式建筑"十三五"发展的总目标以及年度计划,积极稳妥推进装配式建筑基地的建设。到2020年,福州、厦门、泉州和漳州市应建成2个以上国家装配式建筑产业基地,三明和宁德市应建成1个以上国家装配式建筑产业基地,其余地市及平潭综合试验区应建成1个以上省级装配式建筑产业基地。产业基地建设应注重产业链配套,充分利用资源积聚的优势,降低建造成本。

2. 明确重点推广应用领域。政府投资的保障性住房、办公楼以及医院、学校等各类公共建筑,率先采用装配式建筑。城镇新区建设、重要功能区建设、旧城改造、棚户区改造等领域应明确装配式建筑比例,并高于本地区装配式建筑目标要求。积极引导社会投资项目因地制宜发展装配式建筑。各设区市政府应根据本地区装配式建筑发展的总体目标,明确社会投资项目中装配式建筑的应用比例要求。鼓励社会投资项目创建国家装配式建筑示范项目。优先从成熟和适用的部品部件入手，鼓励使用预制内外墙板、楼梯、叠合楼板、阳台板、空调板、梁等部件和集成化橱柜、浴室等部品。积极推进建筑小区围墙、道路硬化、临时建筑、工地临建、管道管廊等建设配套设施采用可装配、可复制使用的部品部件。在体育、文化、交通枢纽、商业、医疗等公共建筑中积极采用钢结构。积极稳妥推进钢结构住宅。工业建筑尽可能采用钢结构。积极推进轻钢结构农房建设。

3. 落实装配式建筑项目建设。各设区市政府应制订年度装配式建筑建设计划，并严格抓好落实，其中在 2016 年 -2017 年的试点期间，福州、厦门市每年各安排不少于 50 万平方米、漳州市不少于 10 万平方米，宁德市不少于 5 万平方米的工程项目采用建筑工业化方式建造。泉州、三明市根据基地建设情况自行安排。建设一批技术先进、引领带动作用突出的国家装配式建筑示范项目，加快形成技术成熟、质量安全可靠、经济适用的装配式建筑技术体系，并在全省推广。

4. 培育装配式建筑龙头企业。支持我省大型设计、施工和部品部件生产企业通过延伸产业链、调整组织架构、健全管理体系，向具有工程设计、采购、施工能力的工程总承包企业转型。出台相关扶持政策，在土地、金融、税费等方面给予大力支持，做大做强龙头企业，使其更好的发挥引领带动作用。同时注重培育各类配套的专业企业，做专做精，给工程总承包企业提供强有力的支撑。

5. 完善标准体系与计价体系。在国家有关标准、规范和标准图集的基础上，结合我省装配式建筑的发展实际，制定我省的实施细则。总结《福建省预制装配式混凝土结构技术规程》、《福建省装配整体式结构设计导则》、《福建省装配整体式结构施工图审查要点》的使用经验，结合装配式建筑工作推进情况及时修订增补；根据工程实际需要，进行其他相关配套标准规范、标准图集的编制工作；鼓励企业制定相关企业标准，完善企业标准备案制度；完善《福建省装配式建筑钢筋混凝土预制构件补充工程量清单和补充定额》，及时发布各类相关项目的投资估算概算指标、造价指数，逐步形成具有我省特色的装配式建筑标准体系和计价体系。

6. 创新项目全过程管理制度。着力完善与装配式建筑相适应的全过程管理制度。制定和完善装配式建筑的深化设计规定和施工图设计审查要点。工程总承包单位应建立健全项目实施全过程管理制度。设计单位应对生产施工企业的部品部件生产和安装提出明确要求，并进行全过程监督和指导。施工企业应对部品部件的生产质量和安装施工进行监督并负责。生产企业要按照相关标准和设计施工要求，生产所需的部品部件。监理单位全程监督部品部件的生产质量和装配式建筑的施工质量。

7. 完善部品部件认证制度。推行装配式建筑部品部件认证制度，完善部品部件认证办法和实施细则，未通过认证的，探索推行样板工程制度，实现对部品部件质量的有效控制。落实对部品部件材料企业的工厂规划选址、用地、建设、技术研发、产品检测检验与认证、市场推广应用、专利技术保护等扶持政策，发挥部品部件材料生产企业支撑作用，建立部品部件与产业化建筑结构相统一的模数协调系统，实现部品构件的系列化、标准化、通用化。

8. 建立质量追溯保障体系。建立健全适应装配式建筑质量要求的全过程质量追溯保障体系。推行涵盖装配式建筑工程建设管理全过程的数字化监管平台。以装配式建筑全产业链为主线，采集报建材料、施工图审查数据、部品部件使用、生产和运输、重要装配节点的施工数字化纪录、工程质量检验检测数据、竣工验收等全过程的相关数据，实现工程质量的可查询可追溯。

三、保障措施

（一）强化规划实施

加强对发展装配式建筑的组织领导，建立健全发展装配式建筑的工作协调机制，定期研究相关工作。各设区市政府要落实职责和推进机构，加强部门协调，形成合力，优化政策机制，及时研究解决发展中的问题。强化宏观指导和政策引导作用，营造良好发展环境。

各设区市政府要围绕装配式建筑发展的总目标，制订本地区的发展规划，提出本地装配式建筑发展的目标、重点任务、保障措施等。强化装配式建筑发展规划与国民经济发展规划、城市发展规划、土地利用规划等的衔接与协调。建立规划动态调整机制，根据装配式建筑发展中出现的新情况、新问题等进行及时调整，提高规划的科学性和可操作性。将装配式建筑发展目标纳入当地经济社会发展规划和年度工作考核内容。

（二）完善政策体系

将装配式建筑产业纳入新兴产业范畴予以培育扶持。根据我省装配式建筑发展实际情况，在贯彻落实国家装配式建筑发展战略和政策的基础上，制定出台推进我省装配式建筑发展的财政、税费、土地、金融、行政管理等相关配套政策措施，完善我省装配式建筑发展政策体系。各设区市要制订相应的鼓励装配式建筑发展的政策和措施，并明确各级住房城乡建设、发展改革、科技、国土、财政、税收、金融、质检等部门的职责分工和相关任务。

（三）注重科研支撑

加强装配式建筑基础研究，鼓励高等院校、科研院所、企业等针对装配式建筑关键技术和行业发展的共性问题开展联合攻关，符合条件的可享受相关科技创新扶持政策。发挥建筑类科研院所作为建筑行业科技综合研究机构的优势，支持建筑产业的优化升级，加大装配式建筑设计、施工、生产、运输等各项配套新技术的研发力度，推进装配式建筑相关规范、规程、标准的编制及检测检验等技术实施；加强智能、节能、绿色工程机械产品研发。拓宽装配式建筑科研项目申报渠道，推动全产业链科技创新；完善建装配式建筑与绿色建筑评价标准的结合；利用物联网技术、BIM 技术和云计算，联合省内有实力产学研单位共同搭建装配式建筑产业信息化协同平台。加强政产学研合作，联合开展科技攻关和管理创新活动，共同提高科学研究和社会服务的能力；健全以企业为主体的协同创新机制，推动建筑行业企业全面提升自主创新能力。积极利用高校和科研院所的人才资源、研发成果，走产学研联合之路，加快推进装配式建筑服务。

（四）强化人才培育

完善多层次装配式建筑企业和管理部门相关人员的分类培训机制，积极培养装配式建筑技术人员与管理人员，提升我省装配式建筑从业人员整体素质，提高我省建筑行业科学管理和技术水平。将相关政策、技术、标准等纳入建设工程注册执业人员继续教育内容；举办装配式建筑专题培训，对装配式建筑涉及的评标专家、设计、图审、生产、施工、质监、监理等方面的专业技术人员以及产业工人进行培训，使行业领导干部、企业负责人、专业技术和经营管理人员通过专题培训尽快掌握相关前沿知识，提升从业人员整体素质。发挥企业作为培训主体的作用，加强人才队伍建设，选派优秀骨干员工到建筑产业化发展先进的地区学习深造，以点带面，带动企业技术管理水平提升；依托试点、示范工程，通过企业内部培训，培养具备建造相关专业技术及生产、操作经验的职业技术工人，加强劳务企业管理，建立用工与培训长效机制。研究并制定相关政策，鼓励和促进企业自行培训、考核发证，并在装配式建筑建造方式的施工企业中实施。

鼓励高校设立装配式建筑相关学科与专业，培养亟需的研究人员、专业技能人才和管理人才；依托职业院校、职业培训机构和实训基地，增设装配式建筑相关的新工种，培育紧缺技术人才。构建有利于装配式建筑队伍发展的长效机制，扶持劳务企业发展，努力建设规模化、职业化的装配式建筑产业工人队伍。

附录11 江苏省"十三五"住宅产业现代化发展规划

江苏省住房和城乡建设厅

2017 年 8 月 1 日

根据《江苏省国民经济和社会发展十三五规划纲要》，结合《江苏省"十三五"住房城乡建设事业发展规划纲要》、《江苏省"十三五"建筑产业现代化发展规划》以及《国务院办公厅关于大力发展装配式建筑的指导意见》、《省政府关于加快推进建筑产业现代化促进建筑产业转型升级的意见》等文件要求，结合我省实际，制定本规划。

一、发展基础和面临形势

（一）发展基础

1. 经济社会全面协调发展水平较高

江苏省地处长三角，是我国经济社会人文事业最发达的区域之一，科技、教育、交通运输、通信等基础设施发达，区域创新能力连续 7 年保持全国第一，区位优势明显。江苏国民经济现代产业体系门类齐全，三次产业结构比例更趋合理，高新技术产业和战略性新兴产业发展迅速，开放型经济水平国内领先，城乡发展日趋协调。截止 2015 年末，全省三次产业增加值比例为 5.7∶45.7∶48.6，新型城镇化率达到 66.5%。2015 年全年实现地区生产总值 70116 亿元，居全国第二位，人均 GDP 超过 8.8 万元，居全国各省（区）首位。较为完善的产业体系、雄厚的科技实力、良好的经济社会人文环境，为江苏住宅产业现代化发展提供了坚实的基础和较好的环境条件。

2. 住宅产业发展规模和水平领先全国

"十二五"期间，江苏住宅建设和住宅产业快速发展，住宅开发投资完成额、销售面积、竣工面积连续多年稳居全国前列。据统计，"十二五"期间，江苏累计完成住宅开发投资 25626 亿元，实现住宅销售 42055 万平方米，竣工住宅面积达到 36937 万平方米，上述三项指标数据连续多年稳居全国第一。以住宅产业为主体的房地产业，累计实现增加值 16369 亿元，占全省地区生产总值的 5% 以上；实现房地产业税收收入 7640 亿元，占全省地税收入的三分之一以上。截止 2015 年末，全省城镇居民人均住宅建筑面积为 39.62 平方米。

3. 住宅工业化开始健康起步

"十二五"以来，江苏以国家住宅产业化基地企业为龙头，在苏南、苏中、苏北三大区域，相继培育了一批住宅部品构件材料生产工厂和模块住宅工业企业，积极探索在保障性住房和部分商品住宅项目中建设装配式住宅、模块住宅和集成房屋等，并积累了一定经验，住宅工业化迈入健康发展轨道。装配式建筑技术逐步成熟，部分企业建立了自己的 PC 工厂，梁、柱、楼板、楼梯、阳台等住宅部品开始在保障房项目中得到大量使用，整体装配式住宅初步实现规模化。江苏整体卫浴部品、模块住宅、集成房屋等集成度较高的住宅现代化生产技术、规模、市场占有率和工业化水平均居全国领先地位，产业化蓄势待发。

4. 住宅产业现代化试点示范项目数量位居全国前列

"十二五"期间，江苏把争创国家和省住宅产业现代化试点示范项目作为推进住宅产业现代化工作的着力点，并取得了积极成效。截至2015年末，全省共建立8个国家住宅产业化基地，基地类型覆盖房地产开发、施工总承包、部品部件生产等，总数约占全国总数的六分之一；列入国家康居示范工程项目实施计划的项目62个，项目总数约占全国总数的六分之一；开展住宅性能认定项目63个，项目数量约占全国的十分之一；通过广厦奖评审的项目13个；创建实施省优秀住宅示范工程项目累计约700个、总建筑面积约达到8000万平方米，其中：省成品住房示范工程项目有90个，成品住房示范工程住宅总建筑面积约占到全部示范项目住宅总建筑面积的15%左右，示范工程面积居全国前列。全省节能建筑面积总计143790万平方米，占城镇建筑的53%，比2010年末增长了20个百分点；绿色建筑标识项目面积总计11003万平方米，占全国总量近四分之一。

5. 住宅产业现代化发展的政策标准体系框架初步形成

"十二五"期间，省委省政府及省有关主管部门积极贯彻落实国家推进住宅产业现代化发展的战略方针政策，出台了《关于加快推进建筑产业现代化促进建筑产业转型升级的意见》以及与之配套的有关工程建设招投标、审图、计价定额、质量验收等一系列相关政策措施，发布了《成品住房装修技术标准》等相关技术标准。各级政府成立了建筑产业现代化推进工作联席会议及其办公室，形成了联动推进的工作机制，开展了相关试点示范，初步形成了我省住宅产业现代化发展的政策标准体系框架。

（二）面临形势

虽然我省住宅产业现代化取得了一些积极成效，但各地工作推进机制还没有完全形成，住宅产业现代化总体进展不快、水平不高，且区域不平衡，社会公众和行业内认可度不高，与我省快速发展规模巨大的住宅产业不相称不协调，住宅产业发展的质量和效益有待提高。只有加快推进住宅产业现代化，才能迎接挑战，利用机遇乘势而上，推进住宅产业生产方式的根本转变。

重大机遇。一是国家、江苏陆续出台的一系列关于鼓励和支持绿色建筑、节能环保、循环经济、科技、设计、质量、建筑信息化、保障性安居工程等与住宅产业现代化相关的方针政策，为江苏住宅产业加快向绿色、科技、集约、高效、安全、智能等现代化方向发展提供了难得的战略机遇。二是"十三五"期间，江苏将着力推进新型工业化转型发展、新型城镇化稳步发展、城乡一体化融合发展、南北联动发展，将为住宅产业现代化向更高层次、更宽领域、更大规模、更快速度发展提供了重大的发展机会。三是"十三五"期间，江苏的劳动力、土地、能源资源、资本价格和环境违约成本将持续攀升，传统住宅建造方式将难以为继，为以工厂化、标准化、装配化、成品化、专业化、低碳化为主要手段的现代住宅生产方式的兴起和成长开辟了广阔空间。四是随着城乡居民收入水平的进一步提高，居民对改善性住房的需求比例日益提升，同时全省着力加快供给侧结构性改革的力度空前加大，将会从供需两端推拉住宅产业向更高品质、更高性能、更加安全、更加绿色、更加智能的现代化方向发展。

严峻挑战。一是随着全球范围内科技革命的迅猛发展和住宅建造技术、相关创新成果的不断推广应用，为我国后发省份弯道超车和发达省份超越领先江苏提供了机遇，势必对江苏住宅产业现代化的现有产业优势和传统市场空间构成严峻挑战。二是全国，尤其是江苏产业结构体系不断高级化、服务化、现代化，将会对住宅产业高端复合型人才和高素质工人形成较大的吸出效应。三是住宅产业去产能、去库存、去标杆任务繁重，导致住宅产业现代化降成本压力更大，上规模、上档次、增效益的空间更小。

二、总体要求

（一）指导思想

全面贯彻党的十八大和十八届三中、四中、五中、六中全会以及中央城镇化工作会议、中央城市工作会议精神，认真落实省委第十三次党代会"两聚一高"决策部署，牢固树立和贯彻落实"创新、协调、绿色、开放、共享"发展理念，按照"适用、经济、安全、绿色、美观"的要求，推进成品住房、装配式住宅、绿色住宅协调发展，推动住宅产业发展方式转变和转型升级，促进住宅产业现代化发展，为建设"强富美高"新江苏提供有力支撑。

（二）基本原则

1.政府引导，市场主导。适应市场需求，发挥企业市场主体在资源配置中的决定性作用和主导作用。发挥政府在规划、政策支持等方面的引导作用，形成住宅产业现代化发展的有利体制机制和市场环境。

2.统筹兼顾，突出重点。以房地产业持续稳定健康发展和推进建筑产业现代化为引领，以提高住宅产业质量和效益为重点，统筹推进成品住房、装配式住宅、绿色建筑试点示范和"三位一体"联动融合发展。

3.分区推进，逐步推广。根据苏南、苏中、苏北地区经济社会发展状况和产业技术基础，明确苏南地区为成品住房、装配式住宅重点推进地区，苏中地区为积极推进地区，苏北为鼓励推进地区。

（三）发展目标

到 2020 年，江苏住宅产业现代化总体发展水平居全国领先地位，初步实现住宅产业现代化。构建与住宅产业现代化持续稳定健康发展要求相适应的政策标准体系、技术创新体系、产业结构体系、监管服务体系。经过五年的努力，江苏住宅产业在全省国民经济体系中的地位和作用进一步增强。

——提升新建成品住房比例。到 2020 年，全省新建成品住房比例达到 40%以上，其中设区市新建成品住房比例达到 50%以上，其他城市达到 30%以上。装配式建筑和政府投资的新建公共租赁住房全部实现成品住房交付。

——推动装配式住宅的发展。全省装配式住宅占新建住宅比例达到 30%以上。鼓励保障性安居工程建设装配式成品住房。

——推进试点示范建设。创建国家级试点示范城市 3 个以上，国家级基地 20 个以上，省级以上试点示范项目 100 个以上。

——培育住宅产业现代化优势企业。培育住宅开发、设计、部品生产、装配施工、装饰装修等住宅产业现代化优势企业 50 个以上，在全国和行业内有重大影响力的现代住宅产业集团 10 个以上。

三、重点任务

（一）完善政策标准体系，优化市场环境

1. 完善政策体系。按照国家和省相关法规政策部署要求，制定完善成品住房、装配式住宅发展的有关产业发展、规划审批、土地供应、基础设施配套、财政金融、行业监管等相关配套政策措施。大力发展成品住房，推广标准化、模块化、集成化的装配化装修。积极开展住宅部品部件认证推广应用，研究制定成品住房和装配式住宅评价管理办法，大力推进住宅性能评价体系建设，推广住宅质量保证保险。完善装配式住宅工程招投标、审图、造价定额、项目管理、预制三板推广应用、质量验收等相关配套措施。

2. 完善标准体系。结合国家和省发展成品住房、装配式住宅最新部署要求，修编江苏省《成品住房装修技术标准》（DGJ32/J—2010），研究制定装配化装修和住宅部品部件生产、运输、装配施工技术标准，配合国家修订《住宅性能评定技术标准》（GB/T 50362-2005）。结合江苏住宅建设实际，完善国家和省已颁布施行的有关装配式住宅技术标准规范图集等。

3. 优化市场环境。按照全面深化改革和"放管服"的要求，创新完善成品住房、装配式住宅的监管的体制机制和服务方式。在政府投资工程和保障性安居工程中优先采用装配式建造方式，发展成品住房。积极利用社会资本和国家政策性资金，促进住宅产业基金发展和优势企业项目、股权融资，推动住宅产业可持续发展。

（二）推进装配式成品住房发展

推动装配式成品住房与非装配式成品住房融合发展。装配式成品住房应采用工程总承包管理模式，推动成品住房主体建筑结构、机电设备与装饰装修一体化设计、协同施工，推广标准化、模块化、集成化、干法作业的装配化装修模式。实施成品住房推进工程，大力开展成品住房试点示范和性能评价体系建设，推广成品住房质量保证保险，完善《住宅质量保证书》和《住宅使用说明书》文本内容，让百姓明明白白消费。

专栏一　装配式成品住房推进工程

成品住房是指套内所有功能空间固定面的铺装或涂饰、管线及终端安装、厨房和卫生间的基本设施等全部完成，已具备基本使用功能的住房。装配式成品住房是用预制住宅部品部件在工地装配而成的成品住房。

装配式成品住房推进工程，主要包括研究制定成品住房发展实施意见，修编宣贯江苏省《成品住房装修技术标准》，推进装配化装修发展，推广应用整体厨卫产品技术、CSI 技术体系等，开展成品住房发展及满意度测评研究。

（三）优化住宅部品部件生产服务体系

住宅部品部件发展应适应市场要求，坚持专业化、市场化、社会化，引导住宅部品部件生产企业合理布局，推进住宅部品部件产业园区建设，培育一批技术先进、专业配套、管理规范的优势企业和生产基地。住宅部品部件企业应不断适应市场需求，完善产品品种和规格，积极应用信息化技术，促进专业化、标准化、规模化生产。优化住宅部品部件物流配送、装配施工、认证认定、质量管控等服务管理体系。

专栏二 住宅部品部件优化工程

住宅部品部件优化工程，主要包括统筹推进住宅部品部件产业园区建设及展览展示，培育住宅部品部件生产、物流运输和机具装备优势企业，推动住宅部品部件认证认定机构和市场发展。重点推进预制内外墙板、预制楼梯板、预制楼板和整体卫浴在住宅工程项目中的应用。

（四）推动住宅产业链提升

推动住宅产业链不断更新改造和高端化，整合住宅产业链资源，提高产业链整体价值。大力培育住宅产业链上的开发、设计、工程总承包、机械装备、部品部件生产、物流运输、装配施工、装饰装修、专业服务等优势企业，推动住宅产业集聚园区建设，建立政产学研用相结合的住宅产业发展联盟和网上住宅产品博览会，广泛开展住宅产业链优势企业间的合作与竞争，促进产业链价值最大化，共享产业链发展成果。

专栏三 住宅产业链提升工程

住宅产业链是指住宅建设全过程中基于一定的经济技术关联，并依据特定的逻辑关系和时空布局关系客观形成的链条式关联关系形态，具有完整性、层次性、指向性的特点。

住宅产业链提升工程，主要包括建立住宅产业现代化发展联盟、江苏网上住宅产品（国际）博览会，培育住宅产业链各主要环节优势企业和现代住宅产业集团，推动住宅全产业链优势企业合作与竞争。

（五）推进住宅产业现代化试点示范

坚持成品住房、装配式住宅、绿色住宅融合发展的理念，统筹国家和省装配式建筑和建筑产业现代化发展的最新部署要求，积极推进国家和省试点示范城市、示范基地、示范项目建设。

专栏四 住宅产业现代化试点示范推进工程

住宅产业现代化试点示范推进工程，主要包括培育和创建国家级和省级试点示范城市、示范基地、示范项目，开展国家康居示范工程和省成品住房示范工程，推动住宅性能评定体系建设。

（六）推进住宅产业信息化技术应用

大力推动住宅建设与住宅产业信息化技术的广泛应用，促进住宅产业生产管理效率和质量效益的提升。在住宅工程项目中推广全寿命期信息管理系统，推广 BIM 技术、智能化技术、物联网技术、云计算与大数据技术等信息化技术在项目规划设计、施工、验收和运营管理等环节的应用，实行住宅工程项目的电子化交付和长效化的物业管理服务。

专栏五　住宅产业信息化技术应用工程

住宅产业信息化技术应用工程，主要包括在住宅工程项目建设全过程中推广应用全寿命期信息管理系统、BIM 技术、物联网技术、"工匠云"等信息化技术，推行住宅工程项目的电子化交付，建立住房大数据。

四、保障措施

（一）加强组织领导

发挥各级政府住房与房地产工作领导小组、建筑产业现代化推进工作联席会议及其办公室在推进住宅产业现代化工作中的综合组织协调作用，形成融合发展、联动推进的工作机制。各级住房城乡建设主管部门应认真履行牵头部门的职责，加强与相关成员单位的沟通协调，形成合力，统筹推进。加强住宅产业现代化的发展水平监测评价，将住宅产业现代化工作推进纳入建筑产业现代化考核范围。

（二）落实政策支持

完善住宅产业现代化发展的政策法规措施，结合节能减排、环境保护、产业发展、科技创新等方面的政策，加大对住宅产业现代化发展的政策支持力度。省相关部门和各地应结合实际，加大成品住房、装配式住宅发展在有关产业发展、规划审批、土地供应、基础设施配套、财政金融、行业监管等支持政策的落实力度，确保落实到位。

（三）加强技术指导

各地应建立住宅产业现代化专家委员会和关键技术人才库，负责对本地区住宅产业现代化项目建设方案和应用技术进行论证把关。分层次培养住宅产业现代化领军人才、中高级经营管理人才和专业技术人才。加强住宅产业现代化实训基地建设，建立各种类型的产教联盟，建设大批量的高技能产业技术工人队伍。

（四）开展宣传推广

通过多种形式深入宣传发展住宅产业现代化的经济社会环境效益，广泛宣传成品住房、装配式住宅相关知识，提高社会认知度认可度，营造各方共同关注、支持住宅产业现代化发展的良好氛围，促进住宅产业现代化持续稳定健康发展。

（五）强化规划实施

本规划实施过程中，要强化规划实施管理，对规划提出的目标任务层层分解，明确责任，落实推进工作任务。结合我省推进建筑产业现代化工作，做好住宅产业现代化发展水平的评价工作。加强对示范城市、示范基地、示范项目的绩效考核和评估评价。建立规划实施动态考核机制，根据规划实施过程中出现的新情况、新问题，及时进行调整，提高规划的科学性和可操作性。

附录12 河北省住房和城乡建设厅关于全省农村装配式低层住宅建设情况的通报

各市（含定州、辛集市）住房和城乡建设局（建设局）：

近年来，全省各地紧紧围绕新型城镇化发展和美丽乡村建设，积极转变建造方式，大力发展装配式建筑、特别是农村装配式低层住宅，不断提升农村住宅品质和性能，取得了初步成效。现将有关情况通报如下：

一、工作进展情况

（一）全省组织推动情况。2015年以来，省政府先后印发《关于推进住宅产业现代化的指导意见》《加快钢结构建筑发展方案》《关于大力发展装配式建筑的实施意见》，省住房城乡建设厅发布《河北省装配式建筑"十三五"发展规划》，提出在农村居民自建住宅项目中大力开展装配式低层住宅建设试点。省住房城乡建设厅印发《河北省装配式建筑示范市（县）管理办法》《河北省装配式建筑产业基地管理办法》《河北省农村装配式低层住宅建设试点县（市、区）管理办法》，培育省装配式建筑示范市（县）和产业基地，安排专项资金支持22个县（市、区）开展农村装配式低层住宅建设试点，为全省大力发展装配式建筑、推广农村装配式低层住宅奠定了基础。

（二）各市项目建设情况。各市贯彻落实省推动农村装配式低层住宅建设要求，积极落实项目。石家庄、张家口、秦皇岛、唐山、廊坊、保定、沧州、衡水、邢台、邯郸、定州市均在市政府出台的相关实施意见中，提出结合美丽乡村建设和新型城镇化发展需求，推广适合农村特点的装配式低层住宅，并制定了相关支持政策。石家庄、邢台、邯郸市积极在灾后重建农房中推广装配式低层住宅。邯郸市魏县易地扶贫搬迁项目贺祥社区采用装配式混凝土和钢结构两种结构形式，竣工200户，在建220户，拟建2000户，是目前全省规模最大的农村装配式低层住宅项目。

截止2017年8月，全省共落实装配式结构及其他新型结构农村低层住宅6250户，建筑面积94.04万 m^2。其中，竣工装配式结构883户（建筑面积20.67万 m^2）、其他新型结构515户（建筑面积9.11万 m^2）；在建装配式结构1300户（建筑面积12.32万 m^2）、其他新型结构541户（建筑面积8.99万 m^2）。（见附件1）

（三）试点县（市、区）项目建设情况。省农村装配式低层住宅建设试点县（市、区）按照试点建设要求，强化组织领导，积极推动项目建设。涉县对采用装配式方式建造的农村住宅每户补助2万元。河间市对采用装配式方式建造的农村住宅每平方米补助100元。邯郸市邯山区工业园区农村整体搬迁、涉县赤岸示范小区、唐山市丰润区燕东新民居项目，是规模较大的连片农村装配式低层住宅项目。

截止 2017 年 8 月，22 个试点县（市、区）共落实装配式结构及其他新型结构农村低层住宅 645 户，建筑面积 18.82 万 m²。其中，竣工装配式结构 213 户（建筑面积 8.14 万 m²）、其他新型结构 49 户（建筑面积 1.19 万 m²）；在建装配式结构 66 户（建筑面积 1.61 万 m²）、其他新型结构 65 户（建筑面积 2.45 万 m²）。（见附件 2）

二、存在的问题

（一）重视程度有待进一步提高。部分市和试点县（市、区）对发展农村装配式低层住宅的意义认识不足，重视不高，有的存在为难情绪，工作推动力度不大，成效不明显。

（二）发展不平衡。从统计情况看，邯郸、唐山、石家庄、张家口、沧州市，涉县、任丘市、邯郸市邯山区、唐山市丰润区、平山县，推动力度较大、工作成效明显，其他市、试点县（市、区）还需加进一步大工作力度。

（三）宣传力度不够。村民对装配式住宅不了解，对装配式住宅的优势和好处认识不够，个别村民对钢结构集成房屋还不接受，需要进一步加大宣传力度。

三、下步工作安排

住房城乡建设部每年 4 月份进行建筑节能、绿色建筑与装配式建筑实施情况专项检查，省政府将对各市装配式建筑推广情况进行考核。各地要进一步强化组织领导，明确农村装配式低层住宅建设的目标任务、激励政策和保障措施。

（一）培育市场主体。各市要加大对装配式低层住宅生产企业的培育工作力度，支持省内外优势企业与本地企业合作，提升技术水平和综合实力，发展集设计、生产、施工一体的装配式低层住宅生产企业。

（二）落实建设项目。各市、各试点县（市、区）要深入了解本地农村建房需求，结合危房改造、美丽乡村建设、易地扶贫搬迁等，精心选择建设农户，推动项目建设，转变农村民居建造方式，提升农村民居品质和性能。

（三）加强质量监管。各市要按照《河北省住房和城乡建设厅转发住房城乡建设部关于切实加强农房建设质量安全管理的通知》（冀建村〔2017〕4 号）要求，加强农村装配式低层住宅建设的质量安全管理。督导各试点县（市、区）要切实加强试点建设项目的监管和验收工作，确保资金使用符合要求、发挥示范效果。

（四）加大宣传力度。要制定专项宣传计划，编制宣传材料，大力宣传推广农村装配式低层住宅的意义、政策、措施、要求，并普及相关知识，提高全社会的认知度。组织实施企业做好项目示范，让群众真切感受到装配式住宅的好处，逐步提高装配式住宅潜在消费需求。

附件 1：各市农村装配式低层住宅建设情况表

附件 2：各试点县（市、区）农村装配式低层住宅建设情况表

河北省住房和城乡建设厅

2017 年 9 月 19 日

附件1

各市农村装配式低层住宅建设情况表

| | 户数 | | | | | | | 建筑面积（万 m²） | | | | | | |
| | 竣工 | | 在建 | | 拟建 | | 合计 | 竣工 | | 在建 | | 拟建 | | 合计 |
	装配式结构	其他新型结构	装配式结构	其他新型结构	装配式结构	其他新型结构		装配式结构	其他新型结构	装配式结构	其他新型结构	装配式结构	其他新型结构	
石家庄	179	270	1	70	70	30	620	4.07	4.50	0.01	0.80	3.03	0.50	12.91
承德	0	7	0	0	37	10	54	0	0.10	0	0	0.23	0.20	0.53
张家口	25	42	70	259	505	245	1146	0.06	0.60	1.05	2.22	6.57	1.88	12.38
秦皇岛	4	0	1	0	4	0	9	0.11	0	0.02	0	0.08	0	0.21
唐山	93	0	90	0	19	0	202	0.63	0	2.80	0	1.42	0	4.85
廊坊	0	8	0	0	0	37	45	0	0.32	0	0	0	1.48	1.80
保定	0	54	0	173	0	0	227	0	1.58	0	5.43	0	0	7.01
沧州	65	6	17	2	13	1	104	3.25	0.17	0.54	0.08	0.22	0.03	4.29
衡水	30	0	0	0	20	0	50	0.26	0	0	0	0.4	0	0.66
邢台	13	95	0	21	13	0	142	1.09	1.36	0	0.21	0.56	0	3.22
邯郸	474	0	1121	0	2000	0	3595	11.20	0	7.90	0	26	0	49.52
定州	0	27	0	16	0	0	43	0	0.41	0	0.25	0	0	0.66
辛集	0	6	0	0	0	7	13	0	0.07	0	0	0	0.35	0.42
合计	883	515	1300	541	2681	330	6250	20.67	9.11	12.32	8.99	38.51	4.44	94.04

附件2

各试点县（市、区）农村装配式低层住宅建设情况表

	户数							建筑面积						
	竣工		在建		拟建		合计	竣工		在建		拟建		合计
	装配式结构	其他新型结构	装配式结构	其他新型结构	装配式结构	其他新型结构		装配式结构	其他新型结构	装配式结构	其他新型结构	装配式结构	其他新型结构	
平山县	13	0	1	0	5	0	19	0.22	0	0.01	0	0.24	0	0.47
围场县御道口	0	0	0	0	37	0	37	0	0	0	0	0.23	0	0.23
宽城县	0	7	0	0	0	0	7	0	0.10	0	0	0	0	0.10
滦平县	0	0	0	0	0	10	10	0	0	0	0	0	0.20	0.20
张家口崇礼区	0	0	0	0	94	0	94	0	0	0	0	0.69	0	0.69
怀来县	0	0	0	0	0	0	0	0	0	0	0	0	0	0
秦皇岛抚宁区	0	0	0	0	4	0	4	0	0	0	0	0.08	0	0.08
唐山市丰润区	8	0	40	50	32	0	130	0.13	0	0.80	2.00	0.65	0	3.58
唐山市高新区	0	0	0	0	0	19	19	0	0	0	0	0	0.77	0.77
易　县	0	1	0	1	0	1	3	0	0.04	0	0.04	0	0.03	0.11
阜平县	0	0	0	5	0	0	5	0	0	0	0.09	0	0	0.09
涞源县	0	0	0	3	0	20	23	0	0	0	0.10	0	1.00	1.10
保定市清苑区	0	14	0	4	0	4	22	0	0.35	0	0.14	0	0.60	1.09

续表

| | 户数 | | | | | | | 建筑面积 | | | | | | |
| | 竣工 | | 任建 | | 拟建 | | 合计 | 竣工 | | 任建 | | 拟建 | | 合计 |
	装配式结构	其他新型结构	装配式结构	其他新型结构	装配式结构	其他新型结构		装配式结构	其他新型结构	装配式结构	其他新型结构	装配式结构	其他新型结构	
安新县	0	0	0	0	0	0	0	0	0	0	0	0	0	0
河间市	0	0	1	0	10	0	11	0	0	0.02	0	0.16	0	0.18
任丘市	64	6	12	2	0	1	85	3.38	0.17	0.50	0.08	0	0.03	4.16
清河县	10	5	0	0	8	0	23	0.71	0.3	0	0	0.4	0	1.41
任县	0	10	0	0	0	0	10	0	0.16	0	0	0	0	0.16
涉县	65	0	12	0	0	0	77	2.20	0	0.28	0	0	0	2.48
邯郸市邯山区	53	0	0	0	0	0	53	1.50	0	0	0	0	0	1.50
辛集市	0	6	0	0	0	7	13	0	0.07	0	0	0	0.35	0.42
合计	213	49	66	65	190	62	645	8.14	1.19	1.61	2.45	2.45	2.98	18.82

附录13　河北省装配式建筑典型图集

河北省推广应用新型墙体材料工作交流座谈会

唐山市新型建材（技术）下乡宣传技术培训会

装配式混凝土结构建筑

远建工业化住宅集成科技有限公司

远建国家装配式建筑产业基地

邯郸市曙光新型建材科技有限公司

河北绿色建筑产业园

秦皇岛阿尔法工业园

河北绿色建筑产业园

二十二冶建浈阳小区

二十二冶建浈阳小区

秦皇岛开发区青年公寓

秦皇岛开发区青年公寓

秦皇岛开发区青年公寓

秦皇岛开发区青年公寓

秦皇岛开发区青年公寓

秦皇岛开发区青年公寓

秦皇岛开发区青年公寓

秦皇岛开发区青年公寓

邯郸曙光低层装配式绿色建筑示范项目

邯郸涉县赤岸村绿色家园住宅小区

秦皇岛市北戴河新区第一小学

赤岸绿色家园祖宅小区

二十二冶建浿阳小区

工地装配式构件吊装

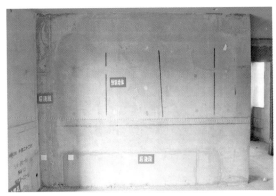

二十二冶建浿阳小区

二十二冶建浿阳小区

二十二冶建浭阳小区

二十二冶建浭阳小区

保定河北建设集团钢结构加工基地——预制构件堆场

保定河北建设集团钢结构加工基地

秦皇岛阿尔法工业园

邯郸涉县"绿建方洲"示范园

邯郸涉县"绿建方洲"示范园

保定高碑店样板房

秦皇岛阿那亚

邯郸市曙光新型建材科技有限公司——装配式公寓

唐山市丰润区沙流河镇皇亲庄村采用 CL 体系的满族风情街

装配式钢结构建筑

承德滦平县巴克什营镇稻池村美丽乡村项目

张家口高新技术产业园

承德市滦平县巴克什营稻池村美丽乡村项目

承德市滦平县巴克什营稻池村美丽乡村项目

承德市滦平县巴克什营稻池村美丽乡村项目

承德市滦平县巴克什营稻池村美丽乡村项目

燕东新民居

燕东新民居

秦皇岛北戴河区健康城生物产业孵化器项目

燕东新民居

装配式木结构建筑

官厅水库水上郡钢木混合建筑

官厅水库水上郡钢木混合建筑

张家口市战国红玉宫售楼处及办公楼

张家口市战国红玉宫售楼处及办公楼

张家口市战国红玉宫售楼处及办公楼

张家口市怀来县上谷水郡木结构

张家口市怀来县上谷水郡

张家口市战国红玉宫

张家口市战国红玉宫

张家口市怀来县上谷水郡项目木结构建筑

秦皇岛阿那亚

装配式 CL 体系建筑

张家口万全县北辛村项目

唐山市丰润区沙流河镇皇亲庄村满族风情街

唐山市丰润区沙流河镇皇亲庄村满族风情街

唐山市丰润区沙流河镇皇亲庄村满族风情街

唐山市丰润区沙流河镇皇亲庄村满族风情街

唐山市丰润区沙流河镇皇亲庄村满族风情街

唐山市丰润区沙流河镇皇亲庄村满族风情街

唐山市丰润区沙流河镇皇亲庄村满族风情街

尚义十三号村装配式 CL 集成住房

上海张江张家口高新技术产业园

保定市清苑区南大冉村 CL 农房

张家口市沽源县莲花滩乡榛子沟村 CL、EPS 示范房

部品部件

奥润顺达窗业有限公司（高碑店）国家企业技术中心

数谷大厦

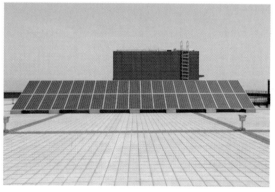

数谷大厦

数谷大厦

保定大韩玻璃厂

河北胜强太阳能科技有限公司三种材料节能窗

奥润顺达窗业有限公司被动房生产车间

保定大韩玻璃厂

保定大韩玻璃厂

际源 CL 生产基地

张家口万全县北辛村装配式绿色建筑项目

产能不足

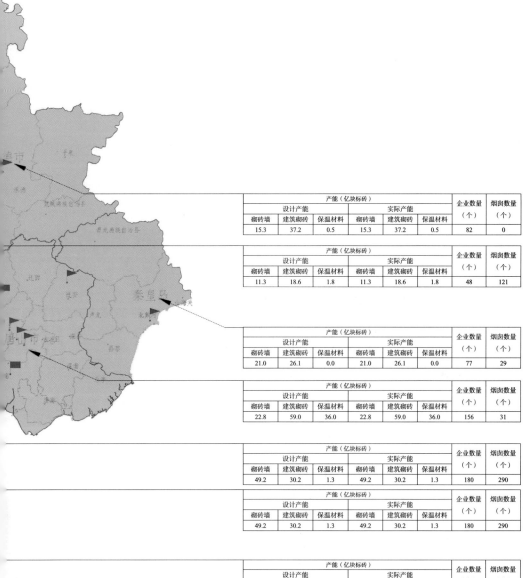

产能（亿块标砖）						企业数量	烟囱数量
设计产能			实际产能			（个）	（个）
砌砖墙	建筑砌砖	保温材料	砌砖墙	建筑砌砖	保温材料		
15.3	37.2	0.5	15.3	37.2	0.5	82	0

产能（亿块标砖）						企业数量	烟囱数量
设计产能			实际产能			（个）	（个）
砌砖墙	建筑砌砖	保温材料	砌砖墙	建筑砌砖	保温材料		
11.3	18.6	1.8	11.3	18.6	1.8	48	121

产能（亿块标砖）						企业数量	烟囱数量
设计产能			实际产能			（个）	（个）
砌砖墙	建筑砌砖	保温材料	砌砖墙	建筑砌砖	保温材料		
21.0	26.1	0.0	21.0	26.1	0.0	77	29

产能（亿块标砖）						企业数量	烟囱数量
设计产能			实际产能			（个）	（个）
砌砖墙	建筑砌砖	保温材料	砌砖墙	建筑砌砖	保温材料		
22.8	59.0	36.0	22.8	59.0	36.0	156	31

产能（亿块标砖）						企业数量	烟囱数量
设计产能			实际产能			（个）	（个）
砌砖墙	建筑砌砖	保温材料	砌砖墙	建筑砌砖	保温材料		
49.2	30.2	1.3	49.2	30.2	1.3	180	290

产能（亿块标砖）						企业数量	烟囱数量
设计产能			实际产能			（个）	（个）
砌砖墙	建筑砌砖	保温材料	砌砖墙	建筑砌砖	保温材料		
49.2	30.2	1.3	49.2	30.2	1.3	180	290

产能（亿块标砖）						企业数量	烟囱数量
设计产能			实际产能			（个）	（个）
砌砖墙	建筑砌砖	保温材料	砌砖墙	建筑砌砖	保温材料		
26.3	22.7	3.1	26.3	22.7	3.1	95	330

产能（亿块标砖）						企业数量	烟囱数量
设计产能			实际产能			（个）	（个）
砌砖墙	建筑砌砖	保温材料	砌砖墙	建筑砌砖	保温材料		
30.7	50.0	50.0	30.7	50.5	50.0	236	348

产能（亿块标砖）						企业数量	烟囱数量
设计产能			实际产能			（个）	（个）
砌砖墙	建筑砌砖	保温材料	砌砖墙	建筑砌砖	保温材料		
5.5	23.8	1.0	5.5	23.8	1.0	41	131

产能（亿块标砖）						企业数量	烟囱数量
设计产能			实际产能			（个）	（个）
砌砖墙	建筑砌砖	保温材料	砌砖墙	建筑砌砖	保温材料		
23.4	17.4	0.2	23.4	17.4	0.2	57	295

产能（亿块标砖）						企业数量	烟囱数量
设计产能			实际产能			（个）	（个）
砌砖墙	建筑砌砖	保温材料	砌砖墙	建筑砌砖	保温材料		
14.3	28.3	0.0	14.3	28.3	0.0	60	442

能过剩　▶ 省级住宅产业现代化基地　■ 国家级住宅产业现代化基地

后 记

大力推动装配式建筑是推进建筑业改革、创新、发展的重要举措，是以建筑业转型升级为目标，以科技进步为支撑，以新型建筑工业化为核心，以信息化为手段，对传统建筑业的全产业链进行更新、改造和升级，促进传统生产方式向现代工业化生产方式转变，全面提升建筑工程的质量、效率和效益，从而实现资源节约型、环境友好型的社会目标。

近年来，国家为了加快推动装配式建筑发展，密集出台了一系列指导和激励政策，全国住房和城乡建设工作会议明确提出了推动装配式建筑发展的有关工作要求。2015年，中央城市工作会议提出"推进城市绿色发展，提高建筑标准和工程质量，高度重视做好建筑节能"，从理念上将装配式建筑的精神融入国家发展大计。2016年2月6日发布《中共中央国务院关于进一步加强城市规划建设管理工作的若干意见》提出"力争用10年左右时间，使装配式建筑占新建建筑的比例达到30%。"的具体目标。2016年9月，国务院发布了《关于大力发展装配式建筑的指导意见》（国办发〔2016〕71号），进一步明确了装配式建筑发展的具体任务，推动装配式建筑进入了新的发展时期。

河北省近年来出台了多个推进装配式建筑发展的相关文件，包括：《关于培育和建立国家住宅产业化基地的通知》、《关于加快推进全省住宅产业化工作的指导意见》等。2015年3月4日河北省人民政府印发了《关于推进住宅产业现代化的指导意见》，从土地保障、财政和金融支持、优化发展环境、强化行业引导、保障运输等方面制定了激励政策，从相关企业、项目、技术研发等方面给予大力支持。2016年初，河北省建筑产业现代化促进中心挂牌成立，2017年1月，河北省人民政府办公厅发布了《关于大力发展装配式建筑的实施意见》，站在京津冀协同发展的高度，更是明确了河北省装配式建筑发展的工作目标和重点任务，力争用10年左右的时间，使全省装配式建筑占新建建筑面积的比例达到30%以上，确定了张家口、石家庄、唐山、保定、邯郸、沧州市和环京津县（市、区）率先发展，其他市、县加快发展的大格局。在工作中充分调动和发挥各方面的正能量，始终秉持百姓情怀，牢固树立公仆意识，持续发扬工匠精神，全力推动全省装配式建筑发展迈向新阶段。

为了促进河北省装配式建筑科学健康发展，明确河北省装配式建筑的发展目标和发展任务，河北省住房和城乡建设厅制定并发布了《河北省装配式建筑"十三五"发展规划》。为了普及装配式建筑基本知识，进一步阐释该规划，课题组根据装配式建筑发展的背景、趋势和政策，结合河北省发展装配式建筑的区位和产业优势，站在京津冀一体化协同发展的高度，从带动河北省建筑业转型升级的角度，以智慧发展、智慧建设和智慧运营的理念，针对河北省"十三五"期间要推进装配式建筑的各项工作所涉及的几个主要问题进行了深入和系统的研究，本书即为这项研究工作的主要成果。

本课题的研究是在河北省墙材革新和建筑节能管理办公室的指导下完成的，在研究过程中，得到了住房和城乡建设部科技与产业化发展中心、中国建筑科学研究院抗震所、北京市、天津市住房和城乡建设科技促进中心、河北省有关市建设局、河北理工大学等单位的大力支持和帮助，在此表示由衷感谢。

课题组在本书编写过程中虽然付出很大努力，但仍存在诸多不足，诚望广大读者批评指正。

河北省装配式建筑"十三五"发展规划研究课题组

2017年9月